中国特色高水平高职学校项目建设成果

数控设备维护与装调

郝双双 ◎ 主　编

李　敏　宫　丽　王　勇 ◎ 副主编

中国铁道出版社有限公司
CHINA RAILWAY PUBLISHING HOUSE CO., LTD.

内 容 简 介

本书依据高等职业院校数控技术专业人才培养目标和定位要求，对接数控设备维护与维修"1+X"证书标准（初级/中级）和机床装调维修工国家职业技能标准，从职业岗位（数控机床装调工、装调工程师、维修工和维修工程师等）出发，确定工作任务（硬件维修、软件维修、机床安装与调试等）及工作能力，然后选定所学课程理论知识，以企业数控机床常见的典型故障现象为载体，以学生能力培养为核心，以分析诊断技术为主线，科学合理地设计故障维修的学习情境和工作任务。全书包括机床启动及回零故障维修、主轴及进给轴故障维修、辅助系统故障维修、数控机床的装调与精度检测等4个学习情境共9个任务，在每个学习情境下又开发了典型课程思政专题、增强学生的安全意识、培养工匠精神、厚植爱岗敬业和爱国情怀。

本书适合作为高等职业院校高职、职业本科及部分应用型本科院校机械设计制造类、自动化类等相关专业的教材，也可作为数控机床职业技能培训教材及从事数控机床维修、数控机床安装调试的企业技术人员的参考书。

图书在版编目（CIP）数据

数控设备维护与装调/郝双双主编. — 北京：中国铁道出版社有限公司，2024.7

中国特色高水平高职学校项目建设成果

ISBN 978-7-113-30461-4

Ⅰ.①数… Ⅱ.①郝… Ⅲ.①数控机床-维修②数控机床-设备安装③数控机床-调试方法 Ⅳ.①TG659

中国国家版本馆CIP数据核字（2024）第150882号

书　　名	数控设备维护与装调
作　　者	郝双双

策　　划	祁　云　何红艳	编辑部电话：	（010）63560043
责任编辑	何红艳　杨万里		
封面设计	刘　莎		
责任校对	刘　畅		
责任印制	樊启鹏		

出版发行：	中国铁道出版社有限公司（100054，北京市西城区右安门西街8号）
网　　址：	https://www.tdpress.com/51eds/
印　　刷：	河北宝昌佳彩印刷有限公司
版　　次：	2024年7月第1版　2024年7月第1次印刷
开　　本：	787 mm×1 092 mm　1/16　印张：15.25　字数：378千
书　　号：	ISBN 978-7-113-30461-4
定　　价：	48.00元

版权所有　侵权必究

凡购买铁道版图书，如有印制质量问题，请与本社教材图书营销部联系调换。电话：（010）63550836
打击盗版举报电话：（010）63549461

中国特色高水平高职学校项目建设成果系列教材

编审委员会

主　任：刘　申　　哈尔滨职业技术大学党委书记
　　　　　孙凤玲　　哈尔滨职业技术大学院长

副主任：金　淼　　哈尔滨职业技术大学宣传（统战）部部长
　　　　　杜丽萍　　哈尔滨职业技术大学教务处处长
　　　　　徐翠娟　　哈尔滨职业技术大学国际学院院长

委　员：
　　　　　黄明琪　　哈尔滨职业技术大学马克思主义学院党总支书记
　　　　　栾　强　　哈尔滨职业技术大学艺术与设计学院院长
　　　　　彭　彤　　哈尔滨职业技术大学公共基础教学部主任
　　　　　单　林　　哈尔滨职业技术大学医学院院长
　　　　　王天成　　哈尔滨职业技术大学建筑工程与应急管理学院院长
　　　　　于星胜　　哈尔滨职业技术大学汽车学院院长
　　　　　雍丽英　　哈尔滨职业技术大学机电工程学院院长
　　　　　赵爱民　　哈尔滨电机厂有限责任公司人力资源部培训主任
　　　　　刘艳华　　哈尔滨职业技术大学质量管理办公室教学督导员
　　　　　谢吉龙　　哈尔滨职业技术大学机电工程学院党总支书记
　　　　　李　敏　　哈尔滨职业技术大学机电工程学院教学总管
　　　　　王永强　　哈尔滨职业技术大学电子与信息工程学院教学总管
　　　　　张　宇　　哈尔滨职业技术大学高建办教学总管

编写说明

中国特色高水平高职学校和专业建设计划（简称"双高计划"）是教育部、财政部为建设一批引领改革、支撑发展、中国特色、世界水平的高等职业学校和骨干专业（群）的重大决策建设工程。哈尔滨职业技术大学（原哈尔滨职业技术学院）入选"双高计划"建设单位，学校对中国特色高水平学校建设进行顶层设计，编制了站位高端、理念领先的建设方案和任务书，并扎实开展了人才培养高地、特色专业群、高水平师资队伍与校企合作等项目建设，借鉴国际先进的教育教学理念，开发中国特色、国际水准的专业标准与规范，深入推动"三教改革"，组建模块化教学创新团队，实施"课程思政"，开展"课堂革命"，校企双元开发活页式、工作手册式、新形态教材。为适应智能时代先进教学手段应用，学校加大优质在线资源的建设，丰富教材的信息化载体，为开发工作过程为导向的优质特色教材奠定基础。

按照教育部印发的《职业院校教材管理办法》要求，教材编写总体思路是：依据学校双高建设方案中教材建设规划、国家相关专业教学标准、专业相关职业标准及职业技能等级标准，服务学生成长成才和就业创业，以立德树人为根本任务，融入课程思政，对接相关产业发展需求，将企业应用的新技术、新工艺和新规范融入教材之中。教材编写遵循技术技能人才成长规律和学生认知特点，适应相关专业人才培养模式创新和课程体系优化的需要，注重以真实生产项目、典型工作任务及典型工作案例等为载体开发教材内容体系，实现理论与实践有机融合，满足"做中学、做中教"的需要。

本系列教材是哈尔滨职业技术大学中国特色高水平高职学校项目建设的重要成果之一，也是哈尔滨职业技术大学教材建设和教法改革成效的集中体现，教材体例新颖，具有以下特色：

第一，教材研发团队组建创新。按照学校教材建设统一要求，遴选教学经验丰富、课程改革成效突出的专业教师担任主编，邀请相关企业作为联合建设单位，形成了一支学校、行业、企业高水平专业人才参与的开发团队，共同参与教材编写。

第二，教材内容整体构建创新。精准对接国家专业教学标准、职业标准、职业技能等级标准确定教材内容体系，参照行业企业标准，有机融入新技术、新工艺、新规范，构建基于职业岗位工作需要的体现真实工作任务、流程的内容体系。

第三，教材编写模式形式创新。与课程改革相配套，按照"工作过程系统化""项目＋任务式""任务驱动式""CDIO 式"四类课程改革需要设计四大教材编写模式，创新新形态、活页式及工作手册式教材三大编写形式。

第四，教材编写实施载体创新。依据本专业教学标准和人才培养方案要求，在深入企业调研、岗位工作任务和职业能力分析基础上，按照"做中学、做中教"的编写思路，以企业典型工作任务为载体进行教学内容设计，将企业真实工作任务、真实业务流程、真实生产过程纳入教材之中。并开发了教学内容配套的教学资源，满足教师线上线下混合式教学的需要，本教材配套资源同时在相关平台上线，可随时下载相应资源，满足学生在线自主学习课程的需要。

第五，教材评价体系构建创新。从培养学生良好的职业道德、综合职业能力与创新创业能力出发，设计并构建评价体系，注重过程考核和学生、教师、企业等参与的多元评价，在学生技能评价上借助社会评价组织的"1+X"考核评价标准和成绩认定结果进行学分认定，每部教材均根据专业特点设计了综合评价标准。

为确保教材质量，哈尔滨职业技术大学组建了中国特色高水平高职学校项目建设系列教材编审委员会，教材编审委员会由职业教育专家和企业技术专家组成。学校组织了专业与课程专题研究组，对教材持续进行培训、指导、回访等跟踪服务，有常态化质量监控机制，能够为修订完善教材提供稳定支持，确保教材的质量。

本系列教材是在学校骨干院校教材建设的基础上，经过几轮修订，融入课程思政内容和课堂革命理念，既具积累之深厚，又具改革之创新，凝聚了校企合作编写团队的集体智慧。本系列教材的出版,充分展示了课程改革成果，为更好地推进中国特色高水平高职学校项目建设做出积极贡献！

哈尔滨职业技术大学中国特色高水平高职学校
项目建设系列教材编审委员会
2024 年 7 月

前 言

《数控设备维护与装调》是高等职业院校数控技术专业的核心课程教材，其对接数控设备维护与维修"1+X"证书标准（初级/中级）和机床装调维修工国家职业技能标准。数控机床维护是贯穿于数控加工全过程的一项工作。本书根据高等职业院校的培养目标，按照高等职业院校教学改革和课程改革的要求，以企业调研为基础，确定工作任务，明确课程目标，制定课程设计标准，以能力培养为主线，每个学习情境下开发了课程思政主题，与企业合作，共同进行课程的开发和设计。编写本书的目的是培养学生具有数控机床装调维修工岗位的职业能力，在掌握基本操作技能的基础上，着重培养学生装调维修方法的运用，以解决数控加工现场的复杂故障现象问题。在教学中，以理论够用为度，使学习情境能够全面反映维修人员的工作过程，整个学习情境设计过程中突出对学生知识、能力和素质的综合培养。

本书具有以下创新和特色：

1. 校企合作，培养学生解决实际工作问题的综合能力

建立校企合作的教材开发团队，与企业技术人员共同制定课程标准，共同编写教材。本书选择企业数控机床常见的典型故障现象为载体，以数控机床维修工作任务为主线进行教学，以行动任务为导向，以任务驱动为手段，注重理论联系实际，在教学中以培养学生的数控机床维护维修方法运用能力为重点，使学习情境能够全面反映维修人员的工作过程，以培养学生现场分析解决问题的能力为终极目标。

2. 融入思政元素，提升素质育人效果

每个学习情境下都开发了一个课程思政主题，提醒学习者在工作中要注意避免安全事故的发生，帮助学习者了解中国机床发展，增强学习者对于中国智能制造成果的自豪感；通过课程思政培养学习者安全意识、工匠精神、爱岗敬业和爱国情怀。

3. 课程对接"1+X"证书标准和国家职业技能标准

基于"1+X"的课证融通教材，编写依据"1+X"数控设备维护与维修职业技能等级标准（初级/中级），内容还与机床装调维修工国家职业标准的不同级别进行了对接。

4. 采用新形态，学习资源数字化

采用新形态，将课程的相关扩展文本、动画、视频、微课等嵌入教材中，通过扫描二维码可以看到对应内容以及现场维修实操视频。教材配套教学资源丰富，配套在线精品课程。本书配套教学资源主要包括微课视频、动画、PPT、PDF 文本、测试题、作业库、试卷库、图片等信息资源，同时选择精品资源在教材中相应部分设计链接二维码，以保障学生实时自学自测的需要。教材配套的"数控设备维护与装调"课程在学银在线课程平台网站上线。

本书参考教学时数为 40~48 学时。

本书由哈尔滨职业技术大学郝双双任主编，哈尔滨职业技术大学李敏、官丽，哈尔滨汽轮机厂有限责任公司王勇任副主编。其中，郝双双编写了学习情境 1、学习情境 2 的全部任务和学习情境 4 任务 4.2 的全部内容，以及所有任务工单；王勇编写了学习情境 3 任务 3.2 的全部内容，并辅助主编完成教材任务工单的实践性、操作性审核；李敏编写了学习情境 4 任务 4.1 的全部内容；官丽编写了学习情境 3 任务 3.1 的全部内容。

本书经过哈尔滨职业技术大学中国特色高水平高职学校项目建设成果系列教材编审委员会审定，由河北工业职业技术大学张文灼教授主审，张文灼教授提出了很多专业技术性修改建议。特别感谢哈尔滨职业技术大学中国特色高水平高职学校项目建设成果系列教材编审委员会和主审给予教材编写的指导和大力帮助。

由于时间仓促，编写组的业务水平和经验有限，书中难免存在疏漏与不妥之处，恳请广大读者和专家批评指正。

编 者

2024 年 7 月

目　录

学习情境 1　机床启动及回零故障维修

任务 1.1　电源故障维修 ································· 2
　　任务工单 ································· 2
　　学习导图 ································· 3
　　课前自学 ································· 4
　　任务分析 ································· 18
　　任务实施 ································· 19
　　电源故障维修工作单 ································· 22
　　课后反思 ································· 28
　　思考与练习 ································· 29

任务 1.2　急停故障维修 ································· 30
　　任务工单 ································· 30
　　学习导图 ································· 31
　　课前自学 ································· 32
　　任务分析 ································· 77
　　任务实施 ································· 78
　　急停故障维修工作单 ································· 79
　　课后反思 ································· 85
　　思考与练习 ································· 86

任务 1.3　回零故障维修 ································· 87
　　任务工单 ································· 87
　　学习导图 ································· 88
　　课前自学 ································· 89
　　任务分析 ································· 97
　　任务实施 ································· 98
　　回零故障维修工作单 ································· 99
　　课后反思 ································· 105
　　思考与练习 ································· 106

学习情境 2　主轴及进给轴故障维修

任务 2.1　主轴故障维修 ································· 108
　　任务工单 ································· 108
　　学习导图 ································· 109
　　课前自学 ································· 110
　　任务分析 ································· 127
　　任务实施 ································· 127
　　主轴故障维修工作单 ································· 129
　　课后反思 ································· 135
　　思考与练习 ································· 136

任务 2.2　进给轴故障维修 ································· 137
　　任务工单 ································· 137
　　学习导图 ································· 138

课前自学 139
　　任务分析 144
　　任务实施 146
　　进给故障维修工作单 147
　　课后反思 153
　　思考与练习 154

学习情境 3　辅助系统故障维修

任务 3.1　刀架故障维修 156
　　任务工单 156
　　学习导图 157
　　课前自学 158
　　任务分析 161
　　任务实施 161
　　刀架故障维修工作单 162
　　课后反思 168
　　思考与练习 169

任务 3.2　冷却装置故障维修 170
　　任务工单 170
　　学习导图 171
　　课前自学 172
　　任务分析 177
　　任务实施 177
　　冷却装置故障维修工作单 179
　　课后反思 185
　　思考与练习 186

学习情境 4　数控机床装调与精度检测

任务 4.1　数控机床安装调试 188
　　任务工单 188
　　学习导图 189
　　课前自学 190
　　任务分析 194
　　任务实施 194
　　数控机床安装调试工作单 197
　　课后反思 203
　　思考与练习 204

任务 4.2　数控机床精度检测 205
　　任务工单 205
　　学习导图 206
　　课前自学 207
　　任务分析 221
　　任务实施 222
　　数控机床精度检测工作单 225
　　课后反思 231
　　思考与练习 232

参考文献 233

学习情境 1

机床启动及回零故障维修

【情境导入】

某数控企业加工生产车间维修部接到一项数控机床维修任务，数控机床不能正常启动和回零。操作数控机床的第一步就是启动机床，在此过程中"系统不能上电""机床一直处于急停状态""机床回零时找不到参考点"是较为典型的故障现象，维修人员需要根据不同的故障现象，按照"检查—计划—诊断—维修—试机"五步故障维修工作法排除故障。

【学习目标】

知识目标

①描述数控机床启动的操作过程；
②列举数控机床启动过程中常见的故障现象；
③阐述数控机床的硬限位和软限位的作用；
④创构出系统启动及回零故障的排除思路。

能力目标

①根据故障现象，查阅维修手册，制定电源、急停和回零等故障维修方案；
②使用 CF 卡进行 FANUC 数控系统的数据备份与加载；
③使用 FANUC LADDER Ⅲ 软件编辑 PMC 梯形图；
④演示机床参考点的建立过程。

素质目标

①树立安全意识、成本意识、质量意识、创新意识，培养勇于担当、团队合作的职业素养；
②初步培养精益求精的工匠精神、劳动精神、劳模精神，在数控机床装调维修工作岗位做到"严谨认真、精准维修、吃苦耐劳、诚实守信"。

【工作任务】

任务1.1	电源故障维修	参考学时：课内4学时（课外4学时）
任务1.2	急停故障维修	参考学时：课内4学时（课外4学时）
任务1.3	回零故障维修	参考学时：课内4学时（课外4学时）

任务 1.1 电源故障维修

任务工单

学习情境 1	机床启动及回零故障维修		任务 1.1		电源故障维修
任务学时			4 学时（课外 4 学时）		
布置任务					
工作目标	①能够利用多种技术和手段进行相关资料的检索； ②能够进行方案的可行性分析； ③能排除 FANUC 系统数控演示实验台和数控机床系统不能启动电源故障； ④能分析数控机床电气原理图，解决数控机床强电控制系统常见故障； ⑤能在完成任务过程中培养安全意识，锻炼职业素养，养成诚实守信的品质，树立团队意识、工匠精神，培养爱岗敬业精神和爱国情怀				
任务描述	某数控车间一台配 FANUC 0i Mate 数控系统机床，机床上电后，数控系统一直处于黑屏状态，如图所示。根据故障现象，按照"检查—计划—诊断—维修—试机"五步故障维修工作法快速排除故障，使机床能正常工作 系统处于黑屏状态				
学时安排	资讯	计划	决策	实施	检查	评价
	1 学时	0.5 学时	0.5 学时	1 学时	0.5 学时	0.5 学时
对学生学习及成果的要求	①学生具备数控机床电气原理图识读能力； ②严格遵守实训基地各项管理规章制度； ③严格遵守课堂纪律，学习态度认真、端正，能够正确评价自己和同学在本任务中的素质表现； ④每位同学必须积极参与小组工作，承担排故检查的相应劳动工作，做到能够积极主动不推诿，能够与小组成员合作完成工作任务； ⑤每位同学均须独立或在小组同学的帮助下完成排故过程中技能训练工作单的填写，并提请检查、签认，对发现的错误务必及时修改； ⑥每组必须完成排故任务并填写全部故障维修工作单，然后提请教师进行小组评价，小组成员分享小组评价分数或等级； ⑦每名同学均完成任务反思，以小组为单位提交				

学习情境 1　机床启动及回零故障维修

学习导图

任务 1.1 电源故障维修

知识点
- 常见数控系统介绍
- FANUC 数控系统的硬件结构
- 低压电器技术
- 数控机床强电控制系统分析
- 数控装置的更换
- 数控装置风扇故障的排查

技能点
- 操作 FANUC 数控系统面板
- 连接数控机床各硬件组成部分
- 利用数控机床电气原理图,解决数控机床强电控制系统常见故障
- 根据故障现象,快速构建出数控机床电源故障排除思路
- 通过常见数控故障维修过程,培养学生的创新精神、民族自豪感和爱国情怀
- 通过小组讨论排除故障方案的可行性分析,培养学生的团队合作精神、工匠精神、劳动精神,以及诚信友善的品质

素质融入点

思政案例: 数控机床触电安全事故的启示——遭章操作既阻碍了正常的生产秩序,又损害了企业的经济效益和社会形象,工作中要坚持"安全第一、预防为主,按规操作"

使学生树立良好的成本意识和质量意识

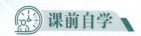

数控机床触电安全事故的启示

搜一搜 在数控机床操作过程中会遇到哪些触电安全事故？在什么情况下会发生触电安全事故呢？我们应该如何预防，有哪些措施和应急预案呢？

一、常见数控系统介绍

数控机床配置的数控系统品牌繁多，性能和结构也不尽相同。FANUC 公司和 SIEMENS 公司是世界上主要的数控系统生产厂商，此外，还有 FAGOR 公司、HEIDENHAIN 公司、NUM 公司等。近年来数控机床在我国迅速发展，一些国内公司的数控产品也占有一定的市场份额，如广州数控公司、华中数控公司和北京凯恩帝数控公司等。

1. FANUC 数控系统简介

FANUC 公司是专门从事数控装置生产的著名厂家，也是世界上最有影响的数控机床专业厂家之一，该公司自从 20 世纪 50 年代末开始生产数控系统以来，已开发出 40 多种数控系统，目前其主推产品为 FANUC 0i 系列、FANUC 16/18/21 系列、FANUC 30/31/32 系列。

FANUC 0i D 系列是具有高可靠性、高性价比的纳米 CNC（数控机床），其中 FANUC 0i MD 是加工中心用 CNC，最多控制 8 个轴（包括主轴）；FANUC 0i TD 是车床用 CNC，1 路径最多控制 8 个轴，2 路径最多控制 11 个轴；FANUC 0i PD 是冲床用 CNC，最多控制 7 个轴。FANUC 0i mate 是简化版，控制轴总数量减少。

0i F PLUS 系列为 FANUC 公司目前推出的较新系列 CNC，该系列 CNC 开放了更多功能，系统更加智能化。系统的设计采取深色主题，具有新现代设计的风格。同 0i F 系统一样，0i F PLUS 系统也是分如下几个系列：0 包、1 包、3 包、5 包。

2. SIEMENS 数控系统简介

SIEMENS 公司是生产数控系统的著名厂家，SIEMENS 公司数控系统的名称为 SINUMERIK。目前其主流产品为 SIN810D、SIN840D、SIN802D 和 SIN828D 系列。SINUMERIK 802D sl 是一种将数控系统（NC，PLC，HMI）集成在一起的数控系统。配备全数控键盘（垂直型或水平型）。PLC 的 I/O 可通过 PROFIBUS DP 系统进行操作。数控系统与驱动系统的模块结构相结合，可通过 DRIVE CLiQ 与数字式驱动装置连接。该系统根据功能由低到高又分为三个版本，分别是 VALUE 型、PLUS 型和 PRO 型。SINUMERIK 802D sl 控制系统配置 MCP 802D sl 机床控制面板，当 MCPA 模块结合 SINUMERIK 802D sl 一起使用时，能够提供一个 ±10 V 接口，用于一个模拟主轴的控制。

3. 我国数控系统简介

随着近年的发展，国产数控系统的认可度逐步上升，目前国产数控系统厂商约 30 家，以华中数控、德科、广州数控、凯恩帝数控等为代表，其中华中数控、德科偏向于发展高端，广州数控、凯恩帝数控等偏向于发展中低端。国产高端数控系统的市场占有率目前约占 20%。以下是国产数控系统典型厂家简介。

（1）广州数控

广州数控设备有限公司（简称广州数控）成立于1991年，是中国南方数控产业的基地，其为国家科技重大专项、国家863科技计划项目、国家智能制造专项承担单位，拥有优良的生产设备和工艺流程，以及科学规范的质量控制体系，是我国数控系统行业龙头企业。

（2）华中数控

武汉华中数控股份有限公司（简称华中数控）是我国数控系统行业首家上市企业，也是首批国家级创新企业。其创立于1994年，在数控系统前期技术积累基础上，研制了华中8型系列高档数控系统新产品，如HNC-808D数控系统、HNC-818D数控系统和HNC-848数控系统等，已有数千台与列入国家重大专项的高档数控机床配套应用。

（3）凯恩帝数控

凯恩帝数控技术有限责任公司（简称凯恩帝数控）成立于1993年，是从事数控系统及工业自动化产品研发、生产、销售及服务的高新技术企业。到目前为止，公司已先后研制出多个系列、数十款数控系统，并相应推出各种专机控制器、驱动器、电动机等配套产品。

二、FANUC 数控系统的硬件结构

1. FANUC 0i F PLUS 系统硬件概述

FANUC 0i F PLUS 系统高度集成，由数控系统、PMC、显示器、MDI 面板等组成。如图 1-1-1 所示，它通过 FSSB 总线实现伺服的控制，通过 I/O Link 实现对输入/输出模块的管理，可以实现数字主轴和模拟主轴的控制，还可以通过网络接口、RS-232 接口、USB 接口进行数据交换，与机器人等设备实现智能制造控制系统。

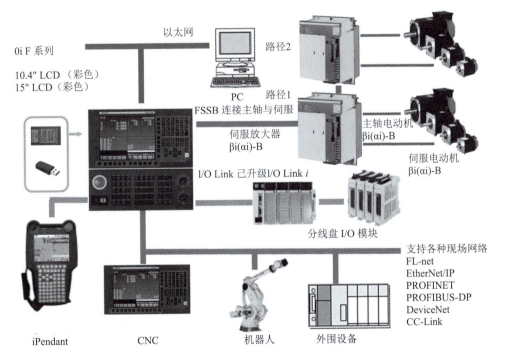

图 1-1-1　FANUC 0i F PLUS 系统配置

数控系统控制单元如图 1-1-2 所示，主板上方有两个风扇，便于主板散热。主板右上方有 DC 3V 锂电池，是存储器的后备电池。用户所编制的零件加工程序、刀具偏置量以

及系统参数等存储在控制单元的 CMOS 存储器中，当系统主电源切断时，依靠锂电池记忆这些数据。因此当电池电压下降到一定程度，显示器上出现"BAT"报警时，应及时更换电池，防止数据丢失。

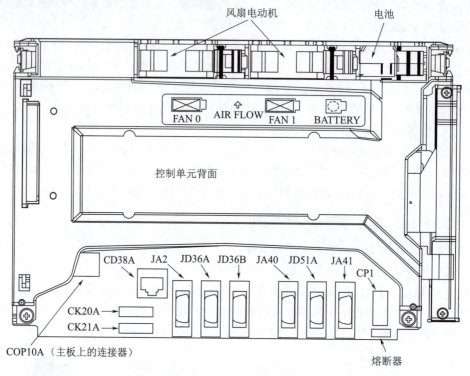

图 1-1-2　数控系统控制单元

数控系统主板主要提供以下功能：系统电源，主 CPU，系统软件、宏程序梯形图及参数的存储，PMC 控制，I/O Link 控制，伺服及主轴控制，MDI 及显示控制等。

2．CNC 系统综合连线

CNC 系统综合连线及系统框图如图 1-1-3 所示。

（1）电源接口 CP1

数控系统控制单元主板正常工作时需要外部提供 DC 24 V 电源。图 1-1-4 所示为电源接口的连接，外部 AC 200 V 电源经过开关电源整流后变为 DC 24 V，通过 CP1 接口输入，供主板工作。电源电压必须满足输入电压 24（1±10%）V，允许的输入瞬间中断持续时间 10 ms（输入幅值下降 100%）、20 ms（输入幅值下降 50%）。数控系统熔断器为 5 A，在电流异常升高到一定的高度和热度的时候，自身熔断切断电流，保护系统电路安全运行。

（2）主轴单元接口

数控系统可连接两类主轴单元，图 1-1-5 所示为系统与主轴单元的连接。系统与串行主轴的连接如图 1-1-6 所示，系统与模拟主轴的接口连接如图 1-1-7 所示。系统配置串行主轴接口和模拟指令输出接口。根据系统类型最多可连接两个主轴：串行主轴+模拟输出接口，或双串行主轴。对于不同的硬件接口连接，要调整相应系统参数才能激活接口。

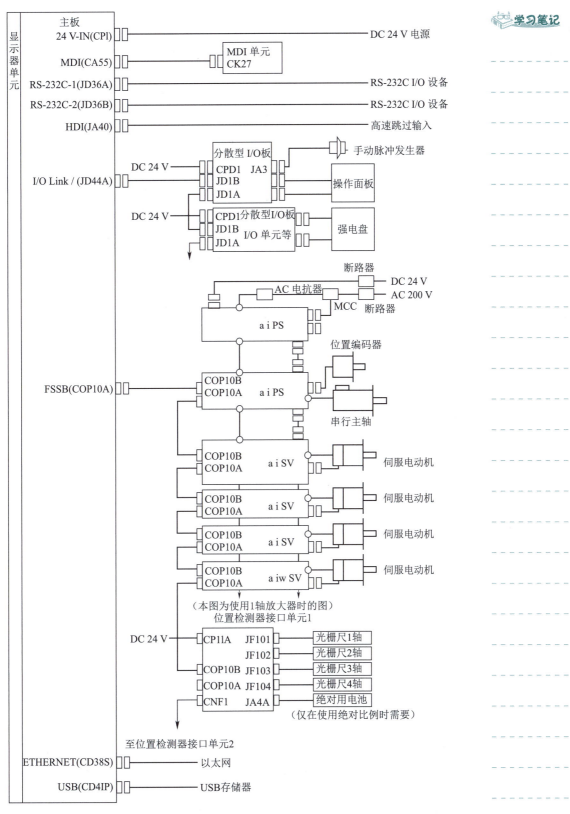

图 1-1-3　综合连线图及系统框图

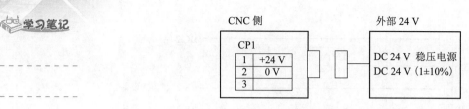

图 1-1-4　电源接口的连接

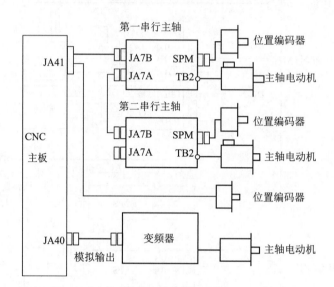

图 1-1-5　系统与主轴单元的连接

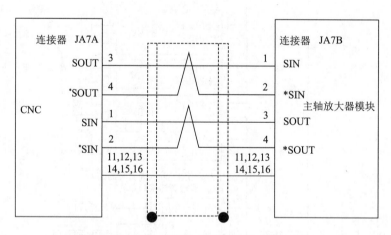

图 1-1-6　系统与串行主轴的连接

JA41 为串行主轴接口，选择串行主轴时使用该接口，选择模拟主轴时，此接口可连接主轴编码器。串行主轴接口可以来连接数字主轴，数控系统发出的指令信息通过编码以串行的形式通过 SOUT、*SOUT 传入主轴驱动单元的 SIN、*SIN，主轴驱动单元将控制信号进行串 / 并转换，再执行这些控制，主轴单元将自身的信息通过 SOUT、*SOUT 传入系统侧 SIN、*SIN 信号。这种信息的交换包含了所有发生在主轴与系统之间的信息。

模拟接口输出的速度指令是模拟指令电压，根据参数的设置可以让系统输出单极性或双极性的指令电压，即 ±10 V 或 +10 V 或 –10 V。当使用双极性电压时，要配合使能信号

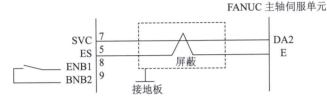

图 1-1-7　系统与模拟主轴的接口连接

（ENABLE），当使用单极性电压时，要配合使用控制正反转的开关量控制信号，这些信号一般由 PLC 控制器发出。

（3）伺服单元接口

系统的伺服卡 FSSB 通过光缆与伺服模块连接起来，通过光缆传递指令信号和接收位置反馈信号。控制的轴需要通过设置相应的参数来激活，数字伺服电路的连接如图 1-1-8 所示。图中 CB10A、CB10B 为光缆接口，各模块之间光缆是 CB10A 为输出口，CB10B 为输入口。CXA2A 为模块之间的连接接口，与下一个模块（如主轴模块）接口的 CXA2B 相连，进行各模块之间报警信息及使能信号的传递，进行交叉连接。

（4）数控系统 JD51A 接口

该接口连接到 I/O 模块（I/O Link），以便于 I/O 信号与数控系统交换数据。按照从 JD51A 到 JD1B 的顺序连接，即从数控系统的 JD51A 出来，到 I/O Link 的 JD1B 为止，下一个 I/O 设备也是从前一个 I/O Link 的 JD1A 到下一个 I/O Link 的 JD1B。如果不是按照这种顺序，则会出现通信错误而检测不到 I/O 设备。

（5）存储卡插槽（系统的正面）

存储卡插槽用于连接存储卡，可对参数、程序及梯形图等数据进行输入/输出操作，也可以进行 DNC 加工。

（6）RS-232 接口

RS-232 接口是与计算机通信的连接口，共有两个，一般接左边一个，右边为备用接口，如果不与计算机连接，则不用接此线（推荐使用存储卡代替 232 口，传输速度及安全性都比串口优越）。

三、低压电器技术

数控机床的控制电路是由各种不同的控制电气元件组成的，要了解、分析和设计数

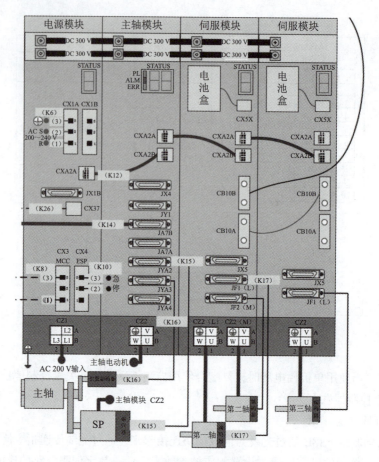

图 1-1-8 数字伺服电路的连接

机床的控制电路,首先要熟悉各种不同的控制电气元件。

1. 交流变压器的使用

变压器(transformer)是应用法拉第电磁感应定律而升高或降低电压的装置。其作用是隔离、变压、变流、变阻,三相交流变压器如图 1-1-9 所示。变压器通常包括:两组或以上的线圈,用于输入交流电流与输出感应电流;一圈金属芯,将互感的磁场与线圈耦合在一起。

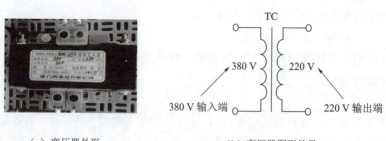

(a) 变压器外形　　　　　　　　(b) 变压器图形符号

图 1-1-9 三相交流变压器

变压器原边和副边之间的电流或电压比例,取决于两方电路线圈的圈数。圈数较多的一方电压较高但电流较小，反之亦然。如果排除泄漏等因素，变压器两方的电压比例与两方的线圈圈数比例相等，即电压与圈数成正比。

因此，可以减小或者增加原线圈和副线圈的匝数比，从而升高或者降低电压，变压器的这个性质使其成为转换电压的重要设备。

根据能量守恒定律，变压器输出的功率不能超越输入它的功率。根据欧姆定律，变压器的负载所消耗的功率等于流经它的电流与其抵受的电压的乘积。由于变压器遵守这两条定律，它不会是放大器。如果处在变压器两方的电压有所不同，那么流经变压器两方的电流也会不同，而两者的差距则成反比。如果变压器一方的电流比另一方小，则电流较小的一方会有较大的电压；反之亦然。然而，变压器两方所消耗的功率（即一方的电压和电流两值相乘）应是相等的。

2. 开关电源的使用

开关电源（switching mode power supply）是一种高频化电能转换装置。其功能是将一种形式的电能转换为另一种形式的电能。如图 1-1-10 所示，开关电源的右边接点中，下面的三个接点接电源的输入端 220 V 交流电的 L、N 和接地；上面的四个点分别是两个 24 V 接点和 2 个公共端接点，在接线操作中可以分别引出两组 24 V 直流电压供电。

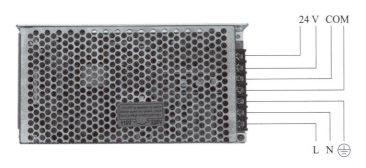

图 1-1-10　开关电源

（1）开关电源的种类

根据输入及输出电压形式的不同，开关电源包括：

①交流 - 交流变换器：变频器、变压器；

②交流 - 直流变换器：整流器；

③直流 - 交流变换器：逆变器；

④直流 - 直流变换器：电压变换器、电流变换器。

（2）开关电源使用注意事项

①开关电源的输入电压可以是 220 V 或 110 V，根据电路设计合理选择输入电压挡位，否则会造成开关电源的损害。

②注意分辨开关电源输出电压接线柱的地线端和零线端，并确保开关电源接地可靠。

3. 低压断路器的使用

低压断路器（breaker）又称为自动空气开关，如图 1-1-11 所示。它是将控制和保护的功能合为一体的电器。它常作为不频繁接通和断开的电路的总电源开关或部分电路的电源开关，当发生过载、短路或欠压等故障时能自动切断电路，有效地保护串接在它后面的电器设备，并且在分断故障电流后一般不需要更换零部件。

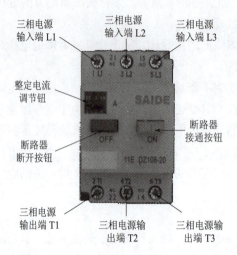
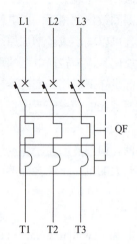

（a）低压断路器实物图　　　　（b）低压断路器电气符号

图 1-1-11　低压断路器

视频

低压断路器的工作原理

（1）低压断路器的工作原理

低压断路器具有多种保护功能（过载、短路、欠电压保护等）、动作值可调、分断能力高、操作方便、安全等优点，所以目前被广泛应用。

低压断路器的主触点是靠手动操作或电动合闸的。主触点闭合后，自由脱扣机构将主触点锁在合闸位置。过电流脱扣器的线圈和热脱扣器的热元件与主电路串联，欠电压脱扣器的线圈和电源并联。当电路发生短路或严重过载时，过电流脱扣器的衔铁吸合，使自由脱扣机构动作，主触点断开主电路。当电路过载时，热脱扣器的热元件发热使双金属片上弯曲，推动自由脱扣机构动作。当电路欠电压时，欠电压脱扣器的衔铁释放，也使自由脱扣机构动作。分励脱扣器则作为远距离控制用，在正常工作时，其线圈是断电的，在需要距离控制时，按下启动按钮，使线圈通电，衔铁带动自由脱扣机构动作，使主触点断开。

（2）低压断路器的选择

①断路器额定电压等于或大于线路额定电压；

②断路器额定电流等于或大于线路或设备额定电流；

③断路器通断能力等于或大于线路中可能出现的最大短路电流；

④欠压脱扣器额定电压等于线路额定电压；

⑤分励脱扣器额定电压等于控制电源电压；

⑥长延时电流整定值等于电动机额定电流；

⑦瞬时整定电流：对保护笼形感应电动机的断路器，瞬时整定电流为 8~15 倍电动机额定电流；对于保护绕线型感应电动机的断路器，瞬时整定电流为 3~6 倍电动机额定电流；

⑧6 倍长延时电流整定值的可返回时间等于或大于电动机实际启动时间。

4．交流接触器的使用

交流接触器（AC contactor）是一种用于中远距离频繁地接通与断开交直流主电路及大容量控制电路的一种自动开关电器，如图 1-1-12 所示。

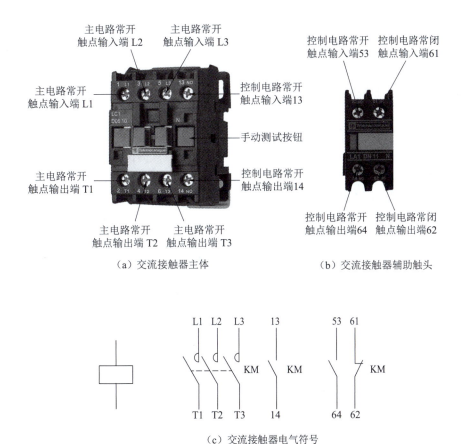

图 1-1-12 交流接触器

（1）电磁式接触器的结构及工作原理

接触器的线圈通电后产生磁场，吸引铁芯克服弹簧压力带动接触器的动触点向静触点运动，使两触点紧密吸合，使线路接通。接触器的线圈停电后，磁场消失，在弹簧作用下，铁芯带动接触器的动触点，经瞬时灭弧后离开静触点，使线路断开。特点是：动作快、通断能力强、使用广泛、安全、经济。

（2）接触器的主要技术参数

有极数和电流种类，额定工作电压、额定工作电流（或额定控制功率），额定通断能力，线圈额定电压，允许操作频率，机械寿命和电寿命，接触器线圈的启动功率和吸持功率，使用类别等。

（3）交流接触器的选择

①接触器极数和电流种类的确定；
②根据接触器所控制负载的工作任务来选择使用相应类别的接触器；
③根据负载功率和操作情况确定接触器主触点的电流等级；
④根据接触器主触点接通与分断主电路电压等级来决定接触器的额定电压；
⑤接触器吸引线圈的额定电压应由所接控制电路电压确定；
⑥接触器触点数和种类应满足主电路和控制电路的要求。

5．继电器的使用

继电器是一种利用各种物理量的变化，将电量或非电量信号转化为电磁力或使输出状态发生阶跃变化，从而通过其触点或突变量促使在同一电路或另一电路中的其他器件或装置动作的一种控制元件。它用于各种控制电路中进行信号传递、放大、转换、联锁等，控制主电路和辅助电路中的器件或设备按预定的动作程序进行工作，实现自动控制和保护的目的。电磁式继电器按输入信号不同分为电压继电器、电流继电器、时间继电器、速度继电器和中间继电器。

继电器在使用时一般都是由继电器和继电器底座组合而成，继电器底座可以快速安装在导轨上，并能够把继电器的线圈和触点的接点引出到底座的快速连接柱上，使得在使用和接线时都非常方便，如果继电器损坏也可以直接将继电器从底座上拔出直接更换，节省了维修时间。继电器的安装如图 1-1-13 所示。

图 1-1-13 继电器的安装

按线圈电流种类不同分为交流继电器和直流继电器。在设备中使用的是欧姆龙 24 V 直流继电器，如图 1-1-14 所示。图 1-1-14（a）共有 2 组常开和常闭触点，接线方法如图 1-1-14（b）所示。在接线时应注意继电器底座和继电器插针的对应关系。

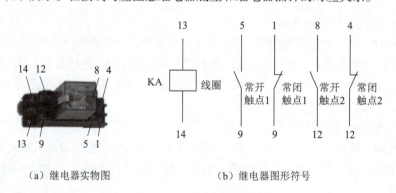

（a）继电器实物图　　　　　（b）继电器图形符号

图 1-1-14 欧姆龙 24 V 直流继电器

电磁式继电器的结构及工作原理：电磁式继电器一般由铁芯、线圈、衔铁、触点簧片等组成。只要在线圈两端加上一定的电压，线圈中就会流过一定的电流，从而产生电磁效应，衔铁就会在电磁力吸引的作用下克服返回弹簧的拉力吸向铁芯，从而带动衔铁的动触点与静触点（常开触点）吸合。当线圈断电后，电磁的吸力也随之消失，衔铁就会受弹簧的反作用力返回原来的位置，使动触点与原来的静触点（常闭触点）吸合。这样吸合、释放，从而达到在电路中导通、切断的目的。对于继电器的"常开、常闭"触点，可以这样来区分：继电器线圈未通电时处于断开状态的静触点，称为"常开触点"；处于接通状态的静触点称为"常闭触点"。

6. 熔断器的使用

熔断器（fuse）是一种当电流超过规定值一定时间后，以它本身产生的热量使熔体熔化而分断电路的电器，广泛应用于低压配电系统及用电设备中作短路和过电流保护。

熔断器在使用时将熔管放入到熔断器外壳内，其安装方法如图 1-1-15 所示。

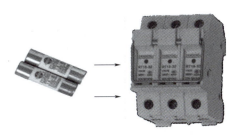

图 1-1-15 熔断器的安装

熔断器主要由熔体、安装熔体的熔管和熔座三部分组成，在使用时将熔断器的熔芯放入熔断器外壳内。

熔体是熔断器的主要组成部分，常做成丝状、片状或栅状，熔体的材料通常由铅、铅锡合金或锌等低熔点材料制成，称为低熔点熔体，多用于小电流电路；另一种是由银、铜等较高熔点的金属制成，称为高熔点材料，多用于大电流电路。

熔管是熔体的保护外壳，用耐热绝缘材料制成，在熔体熔断时兼有灭弧作用。

熔座是熔断器的底座，作用是固定熔管和外接引线。

在使用时熔断器时，熔断器的三路分别连接到三相交流电源的 L1、L2、L3 三相，分别对三相电路进行限流保护。其接线方法及图形符号如图 1-1-16 所示。

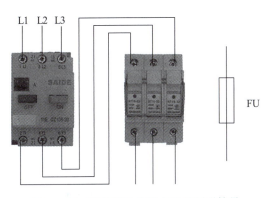

图 1-1-16 熔断器的接线方法及图形符号

熔断器串联在电路中，一般要求其电阻要小（功耗要小），当电路正常工作时，它只相当于一根导线，能够长时间稳定地导通电路；由于电源或外部干扰而发生电流波动时，也应能承受一定范围的过载；只有当电路中出现较大的过载电流（故障或短路）时，熔断器才会动作，通过断开电流来保护电路的安全。

在熔断器分断电路的过程中，由于电路电压的存在，在熔体断开的间隙会发生电弧，高质量的熔断器应该尽可能地避免这种飞弧；在熔断器分断电路后，又应该能耐受加在两端的电路电压。熔断器作为一个安全元件必须同时具备电性能和安全性两方面的基本功能。

7. 控制按钮的使用

控制按钮主要用来接通或断开控制电路，以发布命令或信号，改变控制系统工作状况的电器。常用的主令电器有控制按钮、行程开关、万能转换开关、主令控制器等。

按钮的结构及工作原理：按钮按下后动触点随之下移，常闭触点断开；常开触点闭合，手松开后动触点会受到复位弹簧的弹力自动复位，这时常闭触点闭合，常开触点断开。在本设备中，按钮主要起到对设备的启、停和急停的控制作用。控制按钮实物图及对应电气符号如图 1-1-17 所示。

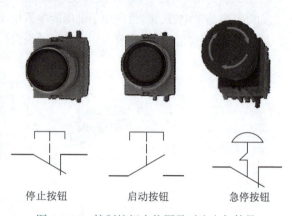

图 1-1-17　控制按钮实物图及对应电气符号

四、数控机床强电控制系统分析

CNC 系统不与外部电网直接连接。CNC 系统的供电系统主要由低压断路器（空气开关）、交流稳压器（大型机床配用，如加工中心）、低通滤波器、隔离变压器（根据作用、需要的不同，可分为伺服电源变压器、控制变压器）、直流稳压电源（开关电源、一体化电源）等。CNC 系统的供电系统组成如图 1-1-18 所示。数控机床进线电源采用交流 380 V 电源，通过三相空气开关，经过交流稳压器、低通过滤器和隔离变压器变为交流 220 V，再经过开关电源转变为直流 24 V 后，作为数控系统的电源输入电压。如图 1-1-19 所示，对于数控车床 FANUC 0i 的供电系统，进入数控系统的电源经历了从空气开关 QF1，到控制变压器，空气开关 QF3，开关电源 GS2，空气开关 QF11，中间继电器 KA1101，再到数控系统的控制过程。

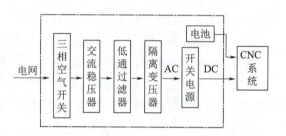

图 1-1-18　CNC 系统的供电系统组成

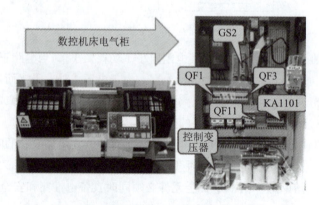

图 1-1-19　数控车床 FANUC0i 的供电系统

在数控机床中,三相伺服电源变压器主要是给伺服驱动系统供电。机床控制变压器适用于频率为50~60 Hz,输入电压超过AC 600 V的电路,常用作各类机床和机械设备中一般电器的控制电源和步进电动机驱动器、局部照明及指示灯电源。

直流稳压电源的功能是将非稳定交流电源(AC 220 V)变成直流电源(DC 5 V、DC 12 V、DC 24 V)。在数控机床电气控制系统中,需要稳压电源给驱动器、控制单元、直流继电器和信号指示灯等提供直流电源。在数控机床中主要使用开关电源和一体化电源。

电池(主板钮扣电池)在机床控制系统断电的情况下给电路板供电,维持RAM存储器中的参数信息与数据信息。

在进行电源连接时应注意:

①输入电源电压和频率的确认。首先检查设备输入电源参数。目前我国电压的供电为:三项交流380 V和单相220 V。国产机床一般是采用三相380 V和频率50 Hz供电,而有部分进口机床不是采用三相交流380 V和频率50 Hz供电,这些机床都自身配有电压变压器,用户可根据要求进行相应的选择。其次就是检查电源电压的上下波动是否符合机床的要求和机床附近有无能影响电源电压的大型设备,若电压波动过大或有大型设备应加载稳压器。因为电源供电电压波动大,产生电气干扰,便会影响机床的稳定性。

②电源相序的确认。当相序接错时,有可能使控制单元的熔丝熔断,检查相序的方法比较简单,将相序表按图1-1-20所示相序测量示意图连接来测量相序,当相序表顺时针旋转时,相序正确,反之相序错误,这时只要将U、V和W三相中的任两根电源线对调即可。

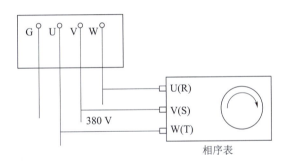

图 1-1-20　CNC 相序测量示意图

五、数控装置的更换

一体型控制单元、显示单元、MDI 单元以及机床操作面板有两种类型:从单元背面用 M4 螺母进行固定的类型和从单元前面用 M3 螺钉进行固定的类型。从前面进行安装的单元,四角的螺钉安装孔上已有螺母。

1. 数控装置拆除步骤

①拔下数控装置所有的连接电缆;
②将精密螺丝刀插入4个角的螺钉安装孔上安装的螺母的凹陷处,拉出螺母;
③转动螺母下的螺钉,拆下单元。

2. 数控装置的安装步骤

数控装置安装图如图1-1-21所示,其安装步骤如下:

①用螺钉固定4个角的螺钉安装孔,用适当的安装力矩拧紧螺钉;
②注意使螺母的凹陷位置成为与图中所示的相同的方向,将螺母安装在螺钉安装孔上,

进行按压，直到螺母的表面与单元的表面成为相同的高度；

③正确连接所有的电缆线；

④插入带有 SRAM 备份的存储卡，进入 BOOT 画面将 SRAM 数据恢复至新的系统，并验证机床动作正常。

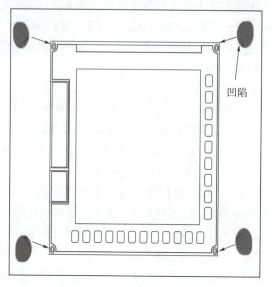

图 1-1-21　数控装置安装图

六、数控装置风扇故障的排查

数控装置风扇作用是系统散热。为保证数控系统正常工作，数控装置风扇具有检测电路，当风扇停转时，数控装置会显示"OH701 风扇停转"报警，开机后系统会执行风扇检测，并出现"FAN MOTOR 0(1)STOP SHUTDOWN"报警，必须解决故障后才能进行正常操作。

数控装置风扇有 2 个，1 个大的和 1 个小的，数控装置风扇安装如图 1-1-22 所示。系统自检画面显示的为"MOTOR1"，代表着大的风扇停转。数控装置风扇故障原因排查如下：

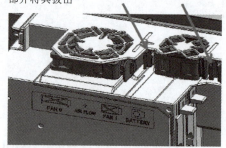

图 1-1-22　数控装置风扇安装图

①检测数控装置风扇是否停转；

②如果停转，检查是否为机械堵转，可拆下风扇进行清洁，并再次安装；

③如果仍然不转，则可能是风扇电动机烧毁或主板供电异常，可更换风扇进行判断；

④如果出现报警时，风扇仍然在转，则可能为风扇检测或主板检测回路故障，也需要更换风扇进行判断。

任务分析

数控机床在使用时，系统不能正常启动，原因是多方面的，主要可能表现为以下几个方面：

①屏幕没有显示；
② DOS 系统不能启动；
③不能进入数控主菜单；
④进入数控主菜单后黑屏；
⑤运行或操作中出现死机或重新启动。

通常情况下，引起这些故障的基本原因有硬件故障、软件故障和参数故障，其中软件故障有文件被破坏和亮度调整异常等错误，参数故障有参数设置不当和总线通信异常等错误。本次主要从第一步的硬件故障入手，电源故障是系统不能启动的最常见的一种硬件故障。造成这种故障的主要原因有电源供电不足、电源干扰、漏电或短路等。数控机床上不同单元需要不同的电源，所以需要检查相关的不同电源。要解决这些故障，首先必须了解电源供给系统的组成和工作原理。在此基础上才能根据故障现象进行分析诊断，确定电源故障发生位置，从中得出电源故障维修的一般方法。

任务实施

以"系统不能上电故障维修"任务为例，按照"检查—计划—诊断—维修—试机"五步故障维修工作法排除故障。

1. 检查

（1）故障发生时的情况记录

故障的现象为机床合上低压断路器后，给系统上电，按下绿色"系统启动"键，系统不显示，依旧是黑屏状态。

（2）故障发生的频繁程度记录

经过与操作人员沟通，机床最近几天一直处于黑屏状态。

（3）故障时的外界条件记录

发生黑屏状态故障时，周围环境温度等正常，周围没有强烈的振动源存在，输入电压在系统允许的波动范围内。

2. 计划

根据对数控机床现场检查情况，进行团队会议，进行讨论分析，并填写工作单中的计划单、决策单和实施单。故障维修前，根据故障现象进行记录，对照系统、机床使用说明书等进行各项检查以便于确定故障的原因，包括：

（1）机床的工作状况检查；
（2）机床运转情况检查；
（3）机床和系统之间连接情况的检查；
（4）数控装置的外观检查。

3. 诊断

首先进行阅读分析电气原理图，此机床启、停电气控制原理图如图 1-1-23 所示。分析根据诊断思路，进行现场诊断，步骤如下：合上电气柜总电源，按下数控机床系统启动按钮，CRT 显示屏处于黑屏状态，但是操作面板上电源指示灯亮，意味着总电源没问题，打开电气柜后门，要注意安全，不要接触 380 V 高压电源，查看中间继电器 KA1101 和开关电源 GS2 指示灯是否点亮，发现中间继电器 KA1101 指示灯不亮，开关电源 GS2 指示灯亮，

视频
系统不能上电故障维修

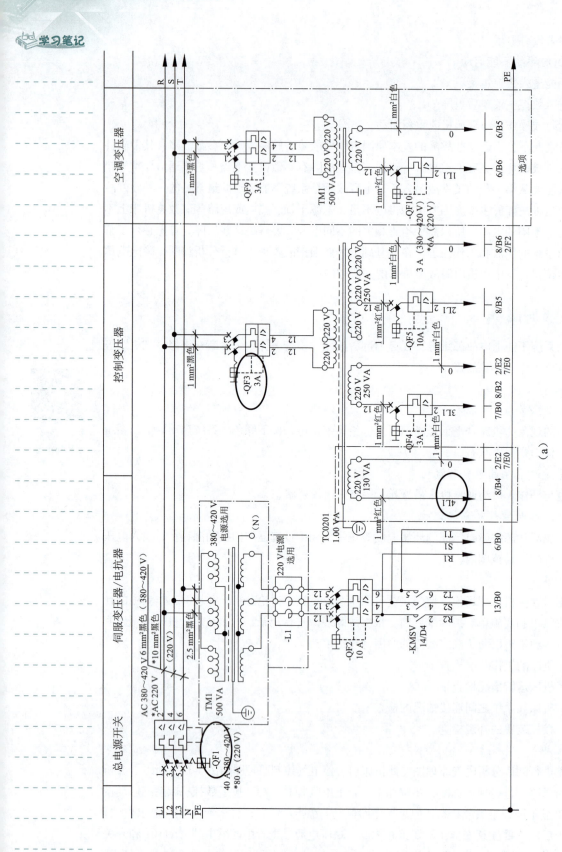

图 1-1-23 机床启、停电气控制原理图

(a)

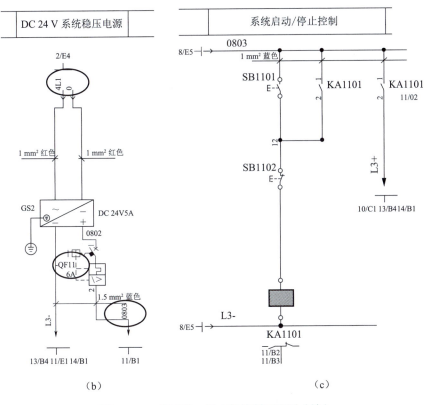

图 1-1-23　机床启、停电气控制原理图（续）

故障可能是中间继电器故障或者中间继电器线圈没得电，用万用表检查继电器 KA1101 线圈两侧 1102 和 3L- 端子电压是否为 24 V，发现是 0 V，可能出现断路现象，接下来检查开关电源 GS2 输出端 0802 与 3L- 接线端子电路是否为直流 24 V，如果是直流 24 V，则关闭电源开关 QF1，把万用表调到蜂鸣挡，用万用表蜂鸣挡检测开关电源 0802 至接触器侧 0803 线路是否断路，发现有蜂鸣声没有断路，再用万用表检测开关电源 GS2 的 3L- 接线端与中间继电器 KA1101 的 3L- 接线端电路是否断路，发现没有蜂鸣声，线路可能虚接或断路，经检查发现，中间继电器 KA1101 侧的 3L- 接线端螺钉松动，连线没有接好。

4. 维修

用螺丝刀工具把中间继电器的 3L- 接线端插好螺钉拧紧，然后把电源开关 QF1 打开，把机床电气柜门关好。

5. 试机

按下系统启动按钮，发现系统上电启动，故障排除。完成工作单中的评价单和反思单。

电源故障维修工作单

● ● ● 计 划 单 ● ● ●

学习情境 1	机床启动及回零故障维修		任务 1.1	电源故障维修
工作方式	组内讨论、团结协作共同制订计划：小组成员进行工作讨论，确定工作步骤		计划学时	0.5 学时
完成人	1.　　2.　　3.　　4.　　5.　　6.　　…			
计划依据：①数控机床电气原理图；②教师分配的不同机床的故障现象				

序号	计划步骤	具体工作内容描述
1	准备工作（准备工具、材料,谁去做）	
2	组织分工（成立小组，人员具体都完成什么）	
3	现场记录（都记录什么内容）	
4	排除具体故障（怎么排除，排除故障前要做哪些准备）	
5	机床运行检查工作（谁去检查，都检查什么）	
6	整理资料（谁负责，整理什么）	
制订计划说明	（写出制订计划中人员为完成任务的主要建议或可以借鉴的建议，以及排除故障的具体实施步骤）	

决 策 单

学习情境 1	机床启动及回零故障维修		工作任务 1.1	电源故障维修
决策学时			0.5 学时	
方案对比	小组成员	方案的可行性（维修质量）	排除故障合理性(加工时间)	方案的经济性（加工成本）	综合评价
	1				
	2				
	3				
	4				
	5				
	6				
	⋮				
决策评价	（排除电源故障最佳方案是什么？最差方案是什么？描述清楚，做出最佳综合评价选择）				

●●●● 实 施 单 ●●●●

学习情境 1	机床启动及回零故障维修		工作任务 1.1	电源故障维修
实施方式	小组成员合作共同研讨确定实践的实施步骤		实施学时	1 学时
序号	实施步骤			使用资源
1				
2				
3				
4				
5				
6				
⋮				

实施说明：

实施评语：

班级			组员签字		
教师签字		第　　组	组长签字		日期

检 查 单

学习情境 1	机床启动及回零故障维修		任务 1.1		电源故障维修	
检查学时		0.5 学时		第　　组		
检查目的及方式	实施过程中教师监控小组的工作情况，如检查等级为不合格，小组需要整改，并拿出整改说明					
序号	检查项目	检查标准	检查结果分级（在检查相应的分级框内划"√"）			
			优秀	良好	中等	合格	不合格
1	准备工作	资源已查到情况、材料准备完整性					
2	分工情况	安排合理、全面，分工明确方面					
3	工作态度	小组工作积极主动、全员参与方面					
4	纪律出勤	按时完成负责的工作内容、遵守工作纪律方面					
5	团队合作	相互协作、互相帮助、成员听从指挥方面					
6	创新意识	任务完成不照搬照抄，看问题具有独到见解和创新思维					
7	完成效率	工作单记录完整，按照计划完成任务					
8	完成质量	工作单填写准确，记录单检查及修改达标方面					
检查评语					教师签字		

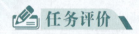任务评价

1. 小组工作评价单

学习情境 1	机床启动及回零故障维修		任务 1.1		电源故障维修	
评价学时			课内 0.5 学时			
班级			第 组			
考核情境	考核内容及要求	分值（100）	小组自评（10%）	小组互评（20%）	教师评价（70%）	实得分（∑）
汇报展示（20）	演讲资源利用	5				
	演讲表达和非语言技巧应用	5				
	团队成员补充配合程度	5				
	时间与完整性	5				
质量评价（40）	工作完整性	10				
	工作质量	5				
	故障维修完整性	25				
团队情感（25）	核心价值观	5				
	创新性	5				
	参与率	5				
	合作性	5				
	劳动态度	5				
安全文明（10）	工作过程中的安全保障情况	5				
	工具正确使用和保养、放置规范	5				
工作效率（5）	能够在要求的时间内完成，每超时 5 min 扣 1 分	5				

2. 小组成员素质评价单

学习情境 1	机床启动及回零故障维修	任务 1.1	电源故障维修			
班级		第　　组		成员姓名		
评分说明	每个小组成员评价分为自评和小组其他成员评价两部分,取平均值计算,作为该小组成员的任务评价个人分数。评价项目共设计 5 个,依据评分标准给予合理量化打分。小组成员自评分后,要找小组其他成员以不记名方式打分					
评分项目	评分标准	自评分	成员1评分	成员2评分	成员3评分	成员4评分	成员5评分
核心价值观(20分)	社会主义核心价值观的思想及行动方面						
工作态度(20分)	按时完成负责的工作内容,遵守纪律,积极主动参与小组工作,全过程参与,具有吃苦耐劳的工匠精神						
交流沟通(20分)	能良好地表达自己的观点,能倾听他人的观点						
团队合作(20分)	与小组成员合作完成任务,做到相互协作、互相帮助、听从指挥						
创新意识(20分)	看问题能独立思考,提出独到见解,能够运用创新思维解决遇到的问题						
最终小组成员得分							

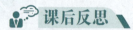

学习情境 1	机床启动及回零故障维修	任务 1.1	电源故障维修
班级		第　　组	成员姓名
情感反思	通过对本任务的学习和实训，你认为自己在社会主义核心价值观、职业素养、学习和工作态度等方面有哪些需要提高的地方		
知识反思	通过对本任务的学习，你掌握了哪些知识点？请画出思维导图		
技能反思	在完成本任务的学习和实训过程中，你主要掌握了哪些排故技能		
方法反思	在完成本任务的学习和实训过程中，你主要掌握了哪些分析和解决问题的方法		

思考与练习

一、单选题（只有 1 个正确答案）

1. 热继电器在电器中具有（　　）保护作用。
   A. 过载　　　　B. 过热　　　　C. 短路　　　　D. 失电压
2. （　　）是职业道德修养的前提。
   A. 学习先进人物的优秀品质　　　　B. 确立正确的人生观
   C. 培养自己良好的行为习惯　　　　D. 增强自律性
3. 职业道德的实质内容是（　　）。
   A. 改善个人生活　　　　B. 增加社会的财富
   C. 树立全新的社会主义劳动态度　　　　D. 增强竞争意识
4. 数控机床的核心是（　　）。
   A. 伺服驱动系统　　　　B. 数控装置
   C. 辅助装置　　　　D. 可编程控制器

二、多选题（有至少 2 个正确答案）

1. 熔断器主要由（　　）三部分组成。
   A. 熔体　　　　B. 熔管　　　　C. 熔座　　　　D. 熔芯
2. 加工中心是一种带有（　　）的数控机床。
   A. 刀库　　　　B. 自动刀具交换装置　　　　C. 测量装置　　　　D. 红外线
3. 从点检的要求和内容上看，点检可分为（　　）三层次。
   A. 专职点检　　　　B. 日常点检　　　　C. 生产点检　　　　D. 团队点检
4. 下列除了（　　）数控系统，其他都是国产数控系统。
   A. SIEMENS　　　　B. FAGOR　　　　C. FANUC　　　　D. 广州数控

三、判断题（对的划"√"，错的划"×"）

1. 数控机床在长期不用时可以直接放置在车间里不用通电。（　　）
2. 数控机床需要定期更换存储用电池。（　　）
3. 大地线 PE 线的颜色是绿色。（　　）
4. 数控系统的工作电压是 DC 24 V。（　　）

任务 1.2　急停故障维修

任务工单

学习情境 1	机床启动及回零故障维修	任务 1.2	急停故障维修
任务学时		4 学时（课外 4 学时）	

	布置任务
工作目标	①根据 FANUC 系统 PLC 结构特点，利用软件和 FANUC 系统进行 PMC 编程； ②根据原理图，构建出数控机床急停故障排除思路； ③利用 CF 卡完成 FANUC 数控系统的数据备份与加载； ④根据故障现象，快速定位急停与复位故障并解决； ⑤在完成任务过程中培养安全意识，锻炼职业素养，养成诚实守信的品质，树立团队意识、工匠精神，培养爱岗敬业精神和爱国情怀
任务描述	某数控车间内一台配 FANUC 0i Mate 数控系统机床，旋开"急停"按钮，但机床一直处于急停状态，机床无法工作，故障现象如下图所示，要求根据故障现象和数控机床原理图排除急停故障 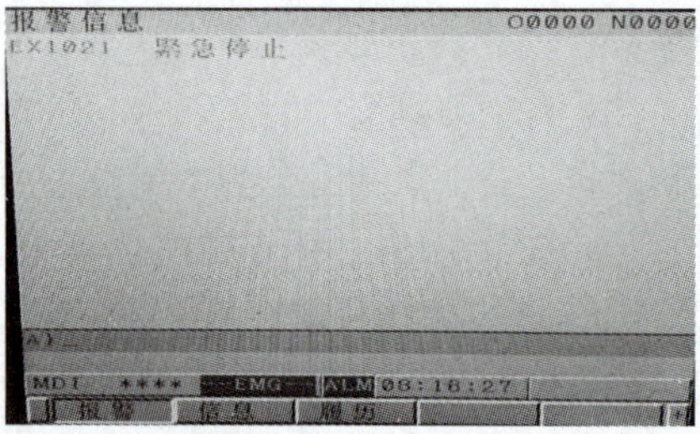 "急停"按钮旋开后仍显示报警现象

学时安排	资讯	计划	决策	实施	检查	评价
	1 学时	0.5 学时	0.5 学时	1 学时	0.5 学时	0.5 学时

| 对学生学习及成果的要求 | ①学生具备数控机床电气原理图识读能力；
②严格遵守实训基地各项管理规章制度；
③严格遵守课堂纪律，学习态度认真、端正，能够正确评价自己和同学在本任务中的素质表现；
④每位同学必须积极参与小组工作，承担排故检查的相应劳动工作，做到能够积极主动不推诿，能够与小组成员合作完成工作任务；
⑤每位同学均须独立或在小组同学的帮助下完成排故过程中技能训练工作单的填写，并提请检查、签认，对发现的错误务必及时修改；
⑥每组必须完成排故任务并填写全部故障维修工作单，然后提请教师进行小组评价，小组成员分享小组评价分数或等级；
⑦每名同学均完成任务反思，以小组为单位提交 |

学习导图

任务1.2 急停故障维修

- **知识点**
  - FANUC 数控系统的数据备份与加载
  - FANUC 数控系统的 PMC 基础知识
  - 机床启动相关知识

- **技能点**
  - 利用数控系统和 LADDER Ⅲ 软件进行 PMC 编程
  - 根据原理图，构建数控机床急停故障排除思路
  - 利用 CF 卡完成 FANUC 数控系统的数据备份与加载
  - 根据故障现象，快速定位急停故障并给予解决

- **素质融入点**
  - 通过急停控制的设计，培养学生的安全意识、创新精神
  - 通过急停故障维修过程，培养学生工匠精神、劳动精神，以及诚信友善的品质
  - 通过小组讨论排除故障方案的可行性分析，培养学生的团队合作精神，使学生树立良好的成本意识和质量意识

思政案例：数控机床加工中撞机安全事故的启示——工作中要有安全意识、成本意识和认真负责的态度

数控机床撞机安全事故启示

下图所示是一个典型的数控机床加工过程中机床撞机安全事故。在数控加工过程中,由于对刀错误、程序错误、操作失误、装夹不牢、工装设计不合理、机床不稳定等,会造成撞机事故的发生,轻则导致工件报废,重则使机床发生损坏,造成人身安全事故。通过这个安全事故给我们一个启示:在数控机床加工、维修等日常工作过程中,要有安全意识、成本意识、责任担当意识、爱岗敬业、工匠精神。那么如何避免数控机床出现撞机安全事故呢?首先,编程员在编程时设定的工件坐标系原点应在工件毛坯以外,至少应在工件表面上;其次,编程员和操作者在书写程序时,对小数点要倍加小心;再次,操作者在调整工件坐标系时,应把基准点设在刀具物理(几何)长度以外,至少应在最长刀具的刀位点上。

数控机床加工撞机安全事故

一、FANUC 数控系统的数据备份与加载

在数控机床的使用过程中,有时会因为各种原因发生数据丢失、参数紊乱等各种故障。如果发生了这样的故障,而之前又没有对数据进行恰当的保存,就会给生产带来巨大的损失。因此,必须做好数据的备份工作,以防意外的发生。对于不同的系统数据的备份和恢复的方法会有一些不同,但是都是将系统数据通过某种方式存储到系统以外的介质里。数据备份的材料作为设备存档的一部分需要妥善保管。机床在使用过程中,出现存储器错误报警、参数丢失故障时,需要借助这些备份材料来恢复机床;机床更换变频器、驱动器后也须按照备份参数进行设置。

1. 数控系统的数据知识

(1) 数控系统的数据存储

FANUC 数控系统通过不同的存储空间存放不同的数据文件,其内部存储器类型及存放的数据如图 1-2-1 所示。

① FROM——FLASH-ROM,只读存储器。在数控系统中作为系统存储空间,用于存储系统文件和(MTB)机床厂文件。

② SRAM——静态随机存储器,在数控系统中用于存储用户数据,断电后需要电池保护,所以有易失性(如电池电压过低、SRAM 损坏等)。SRAM 芯片储能电容——换电池时,可保持 SRAM 芯片中数据 30 min。

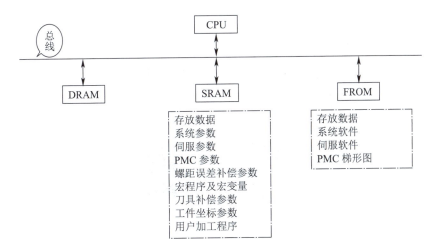

图 1-2-1　FANUC 数控系统内部存储器类型及存放的数据

③ DRAM——静态随机存储器，作为工作缓存区域，暂时存放正在执行的程序、原始数据、中间运算结果和最终运算结果。通过 CF 卡加载到 DRAM 动态随机存储器中的 PMC 梯形图和 PMC 参数，必须要再次写入 FROM 中。

（2）数据的分类

数据文件主要分为系统文件、MTB（机床制造厂）文件和用户文件：

①系统文件——FANUC 提供的 CNC 和伺服控制软件称为系统文件。

② MTB 文件——PMC 程序、机床厂编辑的宏程序执行器（Manual Guide 及 CAP 程序等）。

③用户文件——系统参数、螺距误差补偿值、加工程序、宏程序、刀具补偿值、工件坐标系数据、PMC 参数等。

（3）数据的备份和保存

在 SRAM 中的数据由于断电后需要电池保护，有易失性，所以保留数据非常必要，此类数据需要通过 BACKUP（备份）的方式或者通过数据输入 / 输出方式保存。数据备份方式下保留的数据无法用写字板或 word 文件打开，即无法用文本格式阅读数据。但是通过输入 / 输出方式得到的数据可以通过写字板或 word 文件打开。

在 F-ROM 中的数据相对稳定，一般情况下不易丢失，但是如果遇到更换 CPU 板或存储器板时，在 F-ROM 中的数据均有可能丢失，其中 FANUC 的系统文件在购买备件或修复时会由 FANUC 公司恢复，但是机床厂文件——PMC 程序及 Manual Guide 或 CAP 程序也会丢失，因此机床厂数据的保留也是必要的。

2. 利用存储卡进行数据备份与恢复

存储在 SRAM 中的数据在系统断电后需要有电池保持数据，在电池电压不足时数据容易丢失，因此数据备份和数据加载非常重要。常用数据备份和加载有两种方法，分别是：

①开机时通过数据备份及加载引导画面进行；

②数控系统工作时通过数据输入 / 输出方式进行。

数据备份常用载体是 CF 卡（Compact Flash，压缩闪存），它是一种固态产品，即工作时没有运动部件，不需要电池来维持其中存储的数据。对所保存的数据来说，CF 卡比传统的磁盘驱动器，更具安全性和保护性。CF 卡用于 FANUC 数控系统时，需要配套

视频
使用以太网进行程序传输

学习笔记

FANUC 公司生产的闪存卡适配器，即将 CF 卡安装到 CF 适配器上，再由 CF 适配器与数控系统卡插槽相连，CF 卡、CF 适配器及其在数控系统上的安装如图 1-2-2 所示。

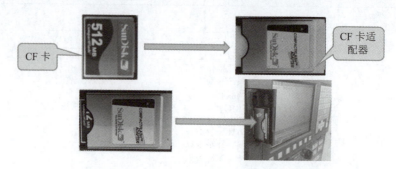

图 1-2-2　CF 卡、CF 适配器及其在数控系统上的安装

1）通过开机引导界面的数据备份与加载

通过系统引导程序备份到 CF 卡中——该方法简便，数据保留齐全，恢复简便容易。

（1）进入开机引导画面

同时按住显示器下方最右侧两个软键，与此同时接通数控系统电源，数秒钟后即进入开机引导画面主菜单，如图 1-2-3 所示。

● 视频

通过开机引导界面的数据备份与加载

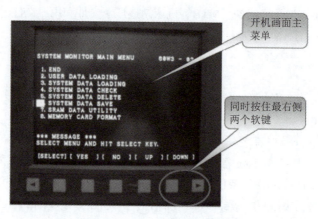

图 1-2-3　开机引导画面主菜单

（2）开机引导画面主菜单各项含义

开机引导画面主菜单各项含义如图 1-2-4 所示。

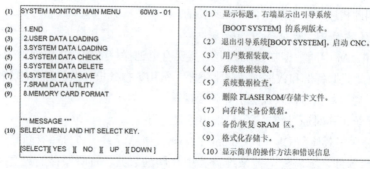

图 1-2-4　开机引导画面主菜单各项含义

（3）数据备份与加载基本操作流程

通过开机画面进行数据备份与加载，由于系统尚未启动 CNC 软件，此时 MDI 键盘多数键不起作用，只能通过开机画面下方的【SELECT】、【YES】、【NO】、【UP】、【DOWN】软键进行选择、同意、不同意、光标上下移动等相关操作。基本操作过程如下：

①通过按下【UP】、【DOWN】软键上下移动光标到所选择的项目；
②通过按下【SELECT】软键确定光标所在处项目即为所要进行操作的项目；
③通过按下【YES】、【NO】软键对即将进行的动作进行确认；
④通过选择"END"选项返回上一级菜单。

（4）数据备份

包括系统数据备份（主要是 PMC 梯形图）和 SRAM 数据备份。

系统数据备份过程如图 1-2-5 所示。

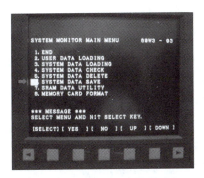 

（a）系统数据备份项目的选择与确定　　（b）系统数据中 PMC1 的备份

图 1-2-5　系统数据备份过程

①将光标移动至"6. SYSTEM DATA SAVE"选项处；
②按下【SELECT】软键；
③按 MDI 键盘中的下翻页键【PAGE DOWN】数次，将光标移至"PMC1"文件处；
④按下【SELECT】软键；
⑤按下【YES】软键；
⑥将光标移至"45.END"项目处；
⑦退回到开机主界面。

SRAM 数据备份过程如图 1-2-6 所示。

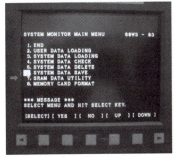 

（a）SRAM 数据备份项目的选择与确定　　（b）SRAM 数据实用程序的备份

图 1-2-6　SRAM 数据备份过程

①将光标移动至"7. SRAM DATA UTILITY"选项处；
②按下【SELECT】软键；
③将光标移至"1. SRAM BACK UP（CNC —> MEMORY CARD）"选项处；
④按下【SELECT】软键；
⑤按下【YES】软键；
⑥按下【SELECT】软键；
⑦将光标移至"4. END"处；
⑧按下【YES】软键；
⑨按下【YES】软键。
此时则退出了数据备份界面。

（5）数据加载

数据加载就是将CF卡中备份的数据写入ROM的过程。

进入开机主画面后，系统文件（主要是PMC梯形图）加载过程如图1-2-7所示。

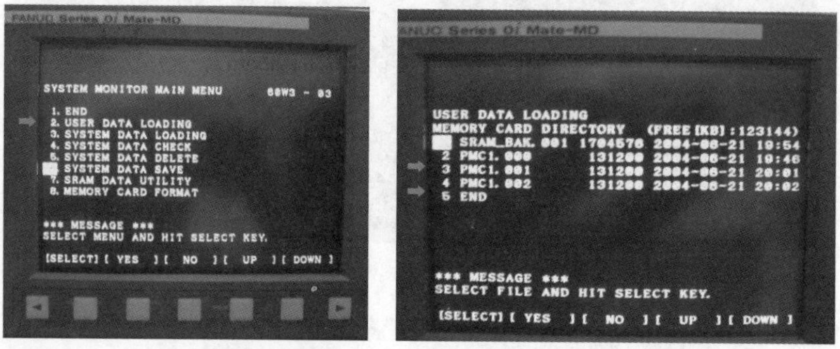

(a) 系统文件加载项目的选择与确定　　(b) 选择PMC1文件加载

图1-2-7　系统文件加载过程

①将光标移动至"2. USER DATA LOADING"选项处；
②按下【SELECT】软键，进入文件选择界面；
③将光标移至需要加载的梯形图文件，如"PMC1.001"；
④按下【SELECT】软键；
⑤按下【YES】软键；
⑥按下【SELECT】软键；
⑦将光标移至"5. END"处；
⑧按下【SELECT】软键。
系统文件加载结束，界面返回到上一级菜单。

进入开机主界面后，SRAM参数加载过程如图1-2-8所示。
①将光标移动至"7. SRAM DATA UTILITY"选项处；
②按下【SELECT】软键，进入操作项目选择界面；
③将光标移至"2. SRAM RESTORE（MEMORY CARD —> CNC）"；
④按下【SELECT】软键；
⑤按下【YES】软键；
⑥按下【SELECT】软键；

⑦将光标移至"4. END"处；
⑧按下【SELECT】软键。

参数加载结束并返回到开机主界面，选择"END"，则数控系统开始启动运行。

（a）SRAM 数据加载项目的选择与确定　　（b）选择 SRAM 数据加载

图 1-2-8　SRAM 参数加载过程

2）通过输入、输出方式的数据备份与加载

通过输入/输出方式的数据备份与加载主要以 CF 卡为载体，将数据保留在 CF 卡中或外接计算机中，或者将保留在 CF 卡中或外接计算机中的数据写入 CNC；采用 CF 卡方式传递数据需要对参数 20 进行设定；通过输入/输出方式保存的数据可以在个人计算机中以写字板方式进行阅读。

（1）能够通过输入/输出方式备份和加载的数据

能够通过输入/输出方式备份和加载的数据包括用户加工程序、刀具补偿参数、数控系统参数、螺距误差补偿数据、用户宏程序及宏变量、PMC 参数和 PMC 梯形图等。

（2）通过 CF 卡的用户程序加载

将 CF 卡插入卡插槽中，通过 CF 卡将用户加工程序输入至 CNC 中步骤如下：

①让数控系统处于 EDIT（编辑）模式；

②按下【PROG】功能键，显示程序内容或程序目录画面；

③按下【操作】软键（OPRT）；

④按下最右边的【▶】软键（菜单扩展软键）；

⑤输入地址 O 后，输入程序号；

⑥按下【读入】或【READ】软键，然后按【执行】或【EXEC】软键即可。

进行用户程序加载操作时一定要注意钥匙开关的位置，否则会出现"对照程序不存在"报警。

（3）刀具补偿参数加载

刀具补偿参数的加载过程如图 1-2-9 所示。将 CF 卡插入卡插槽中，将 CF 卡的刀具补偿参数输入至 CNC 中流程如下：

①让数控系统处于 EDIT（编辑）模式；

②按下 功能键，进入刀具补偿界面，如图 1-2-9（a）所示；

③按下【操作】软键（OPRT）；

④按下最右边的【▶】软键（菜单扩展软键）；

学习笔记

⑤按下【F 输入】软键进入刀补参数的输入界面，如图 1-2-9（b）所示，然后按【执行】或【EXEC】软键，则程序被输入。

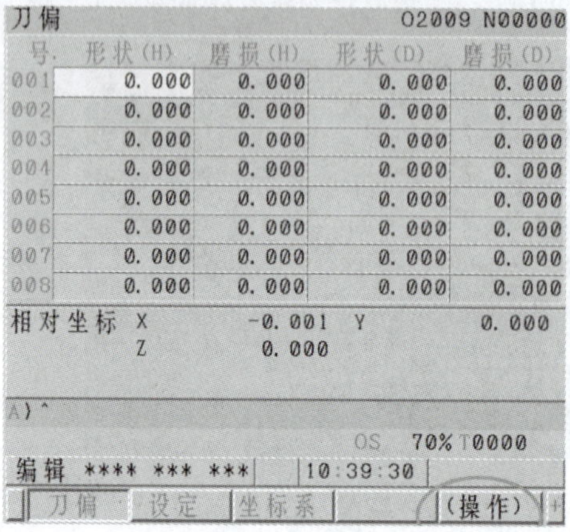

（a）进入刀具补偿界面

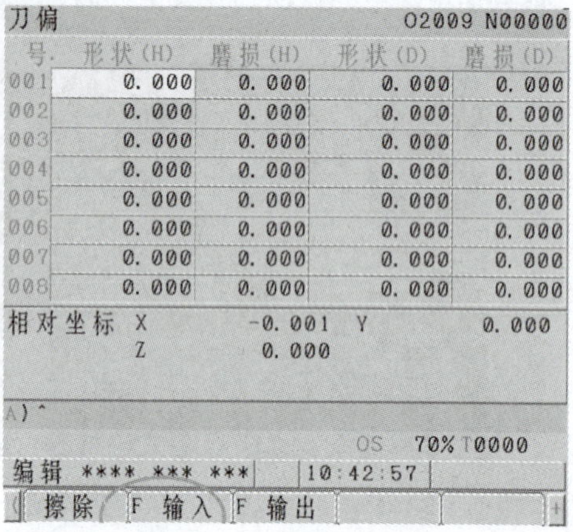

（b）进入刀补参数的输入界面

图 1-2-9 刀具补偿参数的加载过程

（4）刀具补偿参数备份

刀具补偿参数的备份过程如图 1-2-10 所示。将 CF 卡插入卡插槽中，将 CNC 中刀具补偿参数备份至 CF 卡中流程如下：

①让数控系统处于 EDIT（编辑）模式；

②按下 OFFSET SETTING 功能键，进入刀具补偿界面，如图 1-2-10（a）所示；

③按下【操作】软键（OPRT）；

④按下最右边的【扩展】软键（菜单扩展软键）；

⑤按下【F 输出】软键进入刀补参数的输出界面，如图 1-2-10（b）所示，然后按【执行】或【EXEC】软键，则刀具补偿参数备份完成。

（a）进入刀具补偿界面

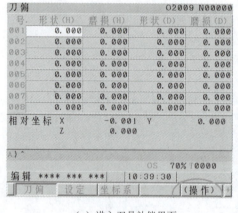

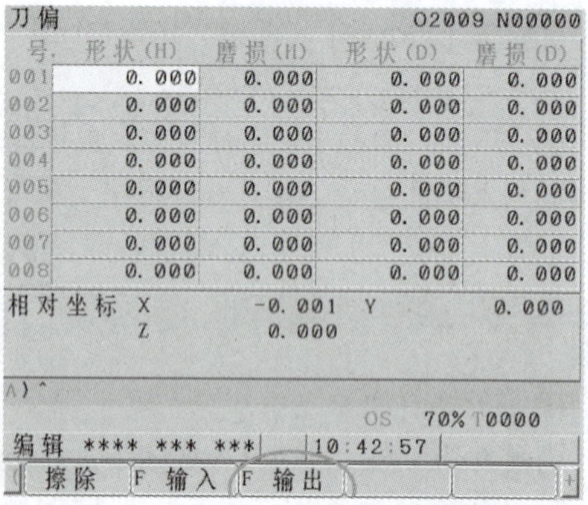

（b）进入刀补参数的输出界面

图 1-2-10 刀具补偿参数的备份过程

（5）数控系统参数加载

数控系统参数的加载过程如图 1-2-11 所示。将 CF 卡插入卡插槽中，将 CF 卡中数控

系统参数输入至 CNC 中流程如下：

①使数控系统处于急停状态；

②按下 [OFFSET/SETTING] 功能键，使系统进入 SETTING 画面；

③在 SETTING 画面中，将参数写入置 1；

④按下【SYSTEM】功能键；

⑤按下【参数】或【PARAM】软键，进入数控系统参数界面，如图 1-2-11（a）所示；

⑥按下【操作】软键（OPRT）；

⑦按下最右边的【扩展】软键（菜单扩展软键）；

⑧按下【F 输入】软键进入数控系统参数的输入界面，如图 1-2-11（b）所示，然后按【执行】或【EXEC】软键，则参数被加载到内存中。

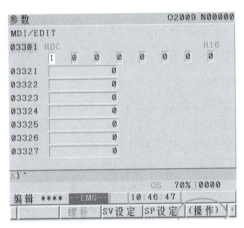
（a）进入数控系统参数界面

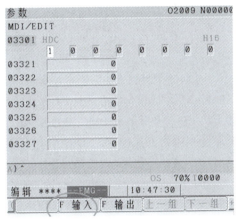
（b）进入数控系统参数的输入界面

图 1-2-11　数控系统参数的加载过程

（6）数控系统参数备份

数控系统参数的备份过程如图 1-2-12 所示。将 CF 卡插入卡插槽中，将 CNC 中数控系统参数备份至 CF 卡中流程如下：

①通过设定画面指定输出代码（ISO 或 EIA）；

②使数控系统处于急停状态；

③按下【SYSTEM】功能键；

④按下【参数】或【PARAM】软键，进入数控系统参数界面，如图 1-2-12（a）所示；

⑤按下【操作】软键（OPRT）；

⑥按下最右边的【扩展】软键（菜单扩展软键）；

⑦按下【F 输出】软键进入数控系统参数的输出界面，如图 1-2-12（b）所示；

⑧如要输出所有参数，按下【ALL】软键，如要输出设置为非 0 参数，按下【NON-0】软键；

⑨按【执行】或【EXEC】软键，则数控系统参数备份完成。

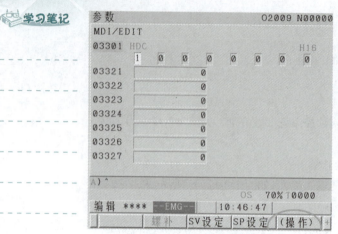 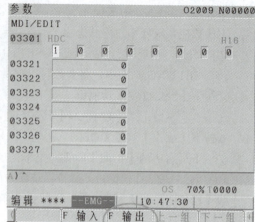

（a）进入数控系统参数界面　　　　　（b）进入数控系统参数的输出界面

图 1-2-12　数控系统参数的备份过程

（7）PMC 梯形图及 PMC 参数加载

PMC 梯形图和 PMC 参数从 CF 卡中加载到数控系统 FROM 中，需要分两步进行：

①将 PMC 梯形图和 PMC 参数从 CF 卡加载到数控系统 DRAM 动态缓存中。由于数控系统断电再开机时会对 DRAM 进行初始化，传入的数据将自动丢失，因此保存在 DRAM 中的数据必须保存到 FROM 中。

②将 PMC 梯形图和 PMC 参数从 DRAM 加载到数控系统 FROM 中。

将 CF 卡插入卡插槽中，PMC 梯形图及 PMC 参数加载至数控系统 FROM 中的过程如图 1-2-13 所示。操作步骤如下：

a. 使数控系统处于急停状态；

b. 按下【SETING】或【设置】软键，进入设置画面；

c. 将"参数写入"项置 1，使系统处于参数允许写入状态；

d. 按下【SETING】功能键；

e. 按下最右边的【扩展】软键（菜单扩展软键）；

f. 按下【PMCMNT】软键；

g. 按下【I/O】软键，选择"装置 = 存储卡"，"功能 = 读取"，"文件号 =3"（"3"为 CF 卡中 PMC 文件保存的顺序号），此时显示器上状态显示为"存储卡→PMC"，如图 1-2-13（b）所示；

h. 按【执行】软键，则 PMC 梯形图及 PMC 参数被加载到 DRAM 中；

i. 再次回到"PMC I/O"界面；

j. 选择"装置 =FLASH ROM"，"功能 = 写"，"数据类型 = 顺序程序"，此时显示器上状态显示为"PMC → FLASH ROM"；

k. 按【执行】或【EXEC】软键，则 DRAM 中 PMC 梯形图连同 PMC 参数成功加载到 FROM 中。

按照这种方式从 CF 卡中读入 PMC 程序时，PMC 参数也一同读入。

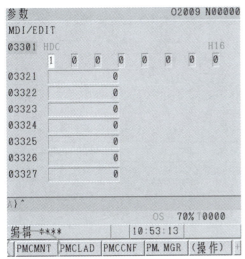
（a）进入 PMCMNT 界面

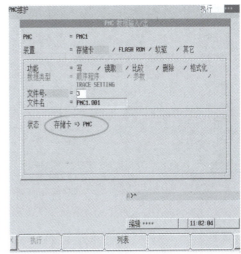
（b）存储卡向 PMC 加载

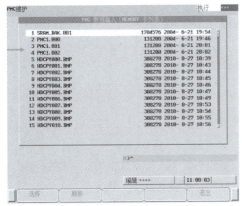
（c）存储卡中 PMC 文件的选择

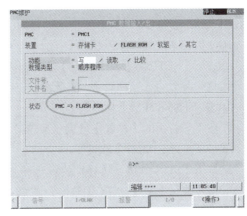
（d）PMC 向 FROM 加载

图 1-2-13　PMC 梯形图及 PMC 参数加载过程

（8）PMC 梯形图备份

将 CF 卡插入卡插槽中，将 CNC 中 PMC 梯形图备份至 CF 卡中，过程如图 1-2-14 所示。

①使数控系统处于急停状态；

②按下【SETING】或【设置】软键，进入设置画面；

③将"参数写入"项置 1，使系统处于参数允许写入状态；

④按下【SYSTEM】功能键；

⑤按下最右边的【扩展】软键（菜单扩展软键）；

⑥按下【PMCMNT】软键；

⑦按下【I/O】软键，选择"装置 = 存储卡"，"功能 = 写"，"数据类型 = 顺序程序"，"文件名 =PMC1.001"，此时显示器上状态显示为"PMC →存储卡"；

⑧按【执行】或【EXEC】软键，则数控系统中 PMC 梯形图传送到 CF 卡中。

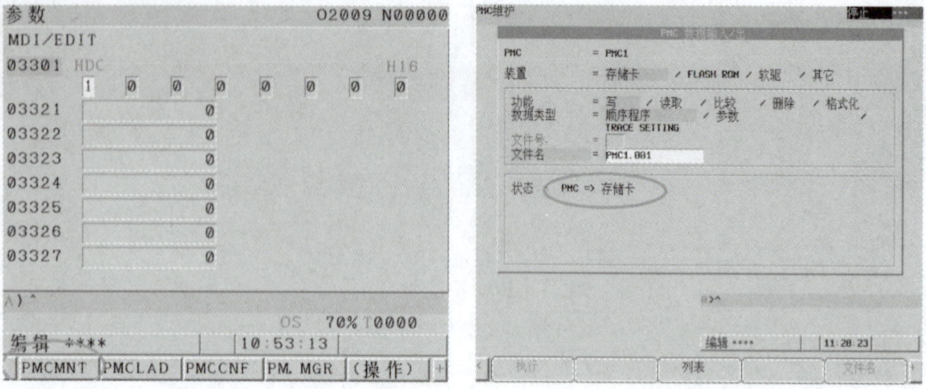

(a)进入 PMCMNT 界面　　　　　　　(b)PMC 程序的备份

图 1-2-14　PMC 梯形图备份至 CF 卡的过程

（9）PMC 参数备份

PMC 梯形图备份和 PMC 参数备份是分开独立进行的。将 CF 卡插入卡插槽中，将 CNC 中 PMC 参数备份至 CF 卡中的过程如图 1-2-15 所示。

①使数控系统处于急停状态；
②按下【SETING】或【设置】软键，进入设置画面；
③将"参数写入"项置 1，使系统处于参数允许写入状态；
④按下【SYSTEM】功能键；
⑤按下最右边的【扩展】软键（菜单扩展软键）；
⑥按下【PMCMNT】软键；
⑦按下【I/O】软键，选择"装置=存储卡"，"功能=写"，"数据类型=参数；
⑧按【执行】或【EXEC】软键，则 CNC 中 PMC 参数传送到 CF 卡中。

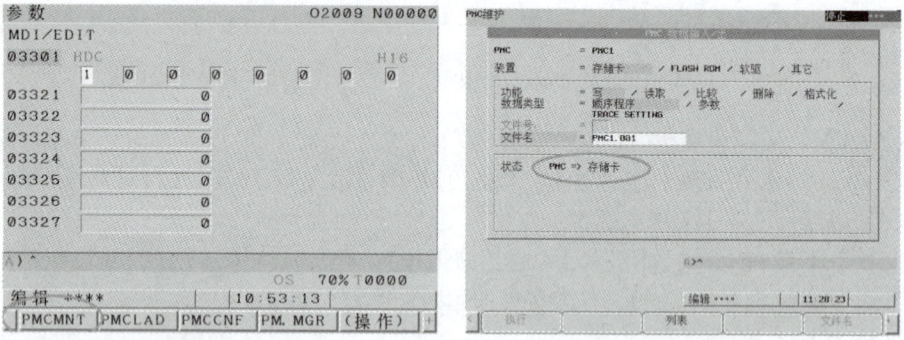

(a)进入 PMCMNT 界面　　　　　　　(b)PMC 参数的备份

图 1-2-15　PMC 参数备份至 CF 卡的过程

二、FANUC 数控系统的 PMC 基础知识

（一）PMC 的介绍

一般来说，控制是指启动所需的操作以实现给定的目标自动运行。当这种控制由控制装置自动完成时，称为自动控制。PLC 是为进行自动控制设计的装置。PLC 以微处理器

为中心,可视为继电器、定时器及计数器的集合体。在内部顺序处理中,并联或串联常开触点和常闭触点,其逻辑运算结果用来控制线圈的通断。

与传统的继电器控制电路相比,PLC 的优点在于:时间响应速度快,控制精度高,可靠性好,结构紧凑。抗干扰能力强,编程方便,控制程序能根据控制需要配合的情况进行相应的修改,可与计算机相连,监控方便,便于维修。

从控制对象来说,数控系统分为控制伺服电动机和主轴电动机作各种进给切削动作的系统部分及控制机床外围辅助电气部分的 PMC。

PMC 与 PLC 的功能是基本一样的。PLC 用于工厂一般通用设备的自动控制装置,而 PMC 专用于数控机床外围辅助电气部分的自动控制,所以称为可编程序机床控制器,简称 PMC。数控系统、机床本体与 PMC 信号关系如图 1-2-16 所示。

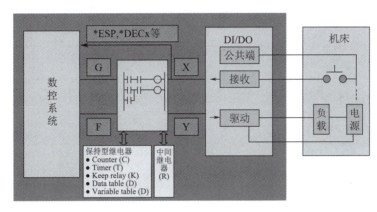

图 1-2-16 数控系统、机床本体与 PMC 信号关系

在图 1-2-16 中,能够看到,X 是来自机床侧的输入信号(如接近开关、极限开关、压力开关、操作按钮等输入信号元件),I/O Link 的地址是从 X0 开始的。PMC 接收从机床侧各装置反馈的输入信号,在控制程序中进行逻辑运算,作为机床动作的条件及对外围设备进行诊断的依据。

Y 是由 PMC 输出到机床侧的信号。在 PMC 控制程序中,根据自动控制的要求,输出信号控制机床侧的电磁阀、接触器、信号灯动作,满足机床运行的需要。I/O Link 的地址是从 Y0 开始的。

F 是由控制伺服电动机与主轴电动机的系统部分侧输入到 PMC 的信号,系统部分就是将伺服电动机和主轴电动机的状态,以及请求相关机床动作的信号(如移动中信号、位置检测信号、系统准备完成信号等),反馈到 PMC 中进行逻辑运输,作为机床动作的条件及进行自诊断的依据,其地址从 F0 开始。

G 是由 PMC 侧输出到系统部分的信号,对系统部分进行控制和信息反馈(如轴互锁信号、M 代码执行完毕信号等)其地址从 G0 开始。

常用 I/O 信号及说明见表 1-2-1。

表 1-2-1 常用 I/O 信号

字符	信号说明	型号	
		0i–D PMC	0i–D/0i mate/D PMC/L
X	输入信号（MT-PMC）	X0～X127 X200～X327	X0～X127
Y	输出信号（PMC-MT）	Y0～Y127 Y200～Y327	Y0～Y127
F	输入信号（NC-PMC）	F0～F767 F1000～F1767	F0～F767
G	输出信号（PMC-NC）	G0～G767 G1000～G1767	G0～G767
R	内部继电器	R0～R7999	R0～R1499
R	系统继电器	R9000～R9499	R9000～R9499
E	扩展继电器	E0～E9999	E0～E9999
A	信息请求信号	A0～A249 A9000～A9499	A0～A249 A9000～A9499
C	计数器	C0～C399 C5000～C5199	C0～C79 C5000～C5039
K	保持继电器	K0～K99 K9000～K999	K0～K19 K9000～K999
D	数据表	D0～D9999	D0～D2999
T	可变定时器	T0～T499 T9000～T9499	T0～T79 T9000～T9079
L	标签	L1～L9999	L1～L9999
P	子程序	P1～P5000	P1～P512

（二）PMC 的结构和工作原理

1. PMC 的基本结构

（1）PMC 的硬件结构

PMC 实质上是一种工业控制用的专用计算机，由硬件系统和软件系统两大部分组成。PMC 的基本构成如图 1-2-17 所示，CPU 是 PMC 的核心部件，其上不仅有 CPU 集成芯片，而且还有一定数量的内存储器 RAM 和系统程序存储器 EPROM。CPU、各种存储器和输入/输出（I/O）模块之间采用总线结构。

● 视频
PMC基本结构和工作原理

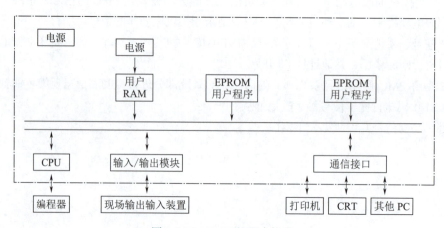

图 1-2-17 PMC 的基本构成

（2）PMC 的软件结构

PMC 的软件包括系统程序和用户程序。

①系统程序。系统程序包括监控程序、编译程序及诊断程序等。监控程序又称为管理程序，主要用于管理整机；编译程序用来把程序语言翻译成机器语言；诊断程序用来诊断机器故障。系统程序由 PMC 生产厂家提供，并固化在 EPROM 中，用户不能直接存取，也不需要用户干预。

②用户程序。用户程序是用户根据机床控制需要，用 PMC 程序语言编制的应用程序，用以实现各种控制要求。FANUC 数控系统的 PMC 用户程序可以通过数控系统梯形图编辑界面在线编辑或通过 LADDER 专用软件编辑。小型数控机床的 PMC 用户程序比较简单，不需要分段，可按顺序编制；多轴联动数控机床的 PMC 用户程序很长，比较复杂。为使用户程序简单清晰，可按功能结构或使用目的将用户程序划分成各个程序模块，每个模块用来解决一个确定的技术功能，这样使编制的程序容易理解，同时程序人员能方便地对程序进行调试和修改。

2. PMC 工作原理

用户程序输入到用户存储器，CPU 对用户程序循环扫描并顺序执行，这是 PMC 的基本工作原理。所谓扫描与顺序执行是指，只要 PMC 接通电源，CPU 就对用户存储器的程序进行扫描，即从第一条用户程序开始顺序执行，直到用户程序的最后一条，形成一个扫描周期，周而复始。用梯形图形象地说就是从上至下，从左至右，逐行扫描执行梯形图所描述的逻辑功能。

对用户程序的扫描、执行过程可分为三个阶段，即输入采样、程序执行和输出刷新。无论是哪个阶段，均采用扫描的工作方式。PMC 的工作原理如图 1-2-18 所示。

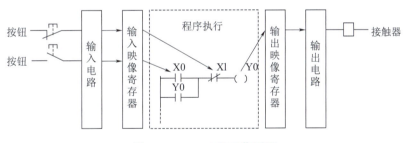

图 1-2-18 PMC 的工作原理

①输入采样。可编程控制器把所有外部输入电路的接通/断开（ON/OFF）状态读入输入映像寄存器。

②程序执行。在没有跳转指令时，CPU 从第一条指令开始，逐条顺序地执行用户程序，直到用户程序结束之处，并根据指令的要求执行相应的逻辑运算，运算的结果写入对应的元件映像寄存器中。

③输出刷新。CPU 将输出映像寄存器的"0"/"1"状态传送到输出锁存器。

PMC 重复地执行上述三个阶段，每重复一次就是一个工作周期（或称为扫描周期），且工作的周期的长短与程序的长短有关。

（三）PMC 程序结构及工作过程

1. PMC 梯形图的结构要素

PMC 程序常用梯形图来表达，梯形图的结构要素如图 1-2-19 所示。图中左右两条竖

PMC程序结构及工作过程

直线为母线，两母线之间的横线为梯级，每个梯级又由一行或数行构成。每行由触点（常开、常闭）、继电器线圈、功能指令模块等构成。

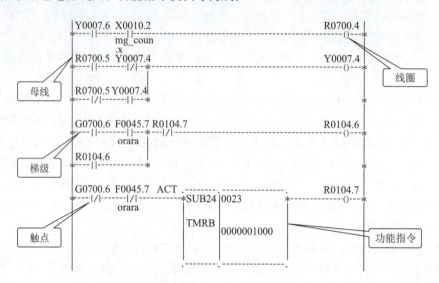

图 1-2-19　PMC 梯形图的结构要素

2. PMC 程序结构及执行过程

PMC 程序由第一级程序、第二级程序和若干个子程序构成，其程序结构如图 1-2-20 所示。

（1）第一级程序

第一级程序又称高级程序，每 8 ms 执行一次，用于处理短脉冲信号，包括急停、各轴超程、返回参考点减速、外部减速、跳步、到达测量位置和进给暂停等信号。一级程序用功能符号 END1 结束。

（2）第二级程序

第二级程序称为通用程序，其处理的优先级别低于第一级程序。一级程序在每个 8 ms 扫描周期都先扫描执行。8 ms 当中的 1.25 ms 用于执行第一级和第二级程序，剩余时间由数控系统使用。每个 8 ms 中的 1.25 ms 时间内扫描完第一级程序后，剩余时间再扫描二级程序，如果二级程序在一个 8 ms 规定时间内不能扫描完成，它会被分割成 n 段来执行。二级程序用功能符号 END2 结束。

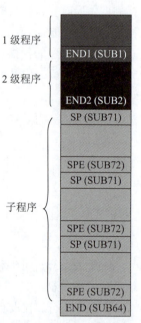

图 1-2-20　PMC 的程序结构

（3）子程序

重复执行的处理或模块化的程序可编写为子程序。子程序只有被调用的情况下才参与 PMC 的扫描，若不调用则不占用 PMC 扫描时间。需要在二级程序中调用子程序，调用功能指令为 CALL 和 CALLU。子程序可以提高梯图的可维护性及编写的灵活性。

（4）PMC 程序的扫描周期

由 PMC 程序结构来看，一级程序的长短决定了二级程序的分隔数，也就决定了整个程序的循环处理周期。因此，一级程序编制时应尽量短，只把一些需要快速响应的程序放在一级程序中。PMC 程序的扫描周期如图 1-2-21 所示。

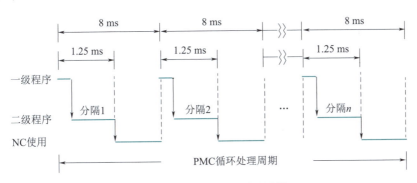

图 1-2-21　PMC 程序的扫描周期

（四）常用 I/O 模块

FANUC 常用 I/O 模块包括：I/O 单元（0i 用 I/O 单元）、FANUC 标准机床操作面板、操作盘 I/O 模块、分线盘 I/O 模块、FANUC I/O UNIT A/B 单元、I/O Link 轴等，FANUC 常用 I/O 模块如图 1-2-22 所示。

0i 用 I/O 单元
带手轮接口
96/64

FANUC 标准机床操作面板
带手轮接口 96/64

操作盘 I/O 模块
带手轮接口 48/32

分线盘 I/O 模块
带手轮接口 96/64

FANUC I/O UNIT A/B
无手轮接口 256/256

I/O LINK 轴
无手轮接口
128/128

图 1-2-22　FANUC 常用 I/O 模块

（五）PMC 的地址分配

1. FANUC I/O 单元的连接

FANUC 系统的 PMC 是通过专用的 I/O Link 与系统进行通信的，PMC 在进行着 I/O 信号控制的同时，还可以实现手轮与 I/O LINK 轴的控制，但外围的连接却很简单，且很有规律，同样是从 A 到 B，系统侧的 JD51A(0i C 系统为 JD1A) 接到 I/O 模块的 JD1B，JA3 或者 JA58 可以连接手轮。I/O 单元的连接如图 1-2-23 所示，FANUC I/O Link 是一个串行接口，将 CNC、单元控制器、分布式 I/O、机床操作面板或 Power Mate 连接起来，并在各设备间高速传送 I/O 信号（位数据）。

视　频
I/O 单元保险的更换

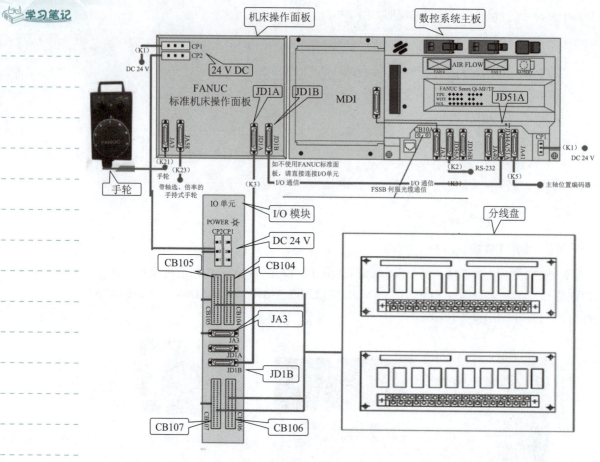

图 1-2-23 I/O 单元的连接

I/O Link 分为主单元和子单元。作为主单元的 0i/0i Mate 系列控制单元与作为子单元的分布式 I/O 相连接。当连接多个设备时,FANUC I/O Link 将一个设备认作主单元,其他设备作为子单元。子单元的输入信号每隔一定周期送到主单元,主单元的输出信号也每隔一定周期送至子单元。0i-D 系列和 0i Mate-D 系列中,JD51A 插座位于主板上。子单元分为若干个组,一个 I/O Link 最多可连接 16 组子单元。(0i Mate 系统中 I/O 的点数有所限制) 根据单元的类型以及 I/O 点数的不同,I/O Link 有多种连接方式。PMC 程序可以对 I/O 信号的分配和地址进行设定,用来连接 I/O Link。I/O 点数最多可达 1 024/1 024 点。I/O Link 的两个插座分别叫作 JD1A 和 JD1B。对所有单元(具有 I/O Link 功能)来说是通用的。电缆总是从一个单元的 JD1A 连接到下一单元的 JD1B。尽管最后一个单元是空着的,也无须连接一个终端插头。对于 I/O Link 中的所有单元来说,JD1A 和 JD1B 的引脚分配都是一致的,不管单元的类型如何,均可按照图 1-2-24 I/O Link 的连接来连接 I/O Link。

2.PMC 地址的分配

0i 用 I/O 模块是配置 FANUC 系统的数控机床使用最为广泛的 I/O 模块,I/O 单元连接器地址分配如图 1-2-25 所示。它采用 4 个 50 芯插座连接的方式,分别是 CB104/CB105/CB106/CB107。输入点有 96 位,每个 50 芯插座中包含 24 位的输入点,这些输入点被分为 3 个字节;输出点有 64 位,每个 50 芯插座中包含 16 位的输出点,这些输出点被分为 2 个字节。

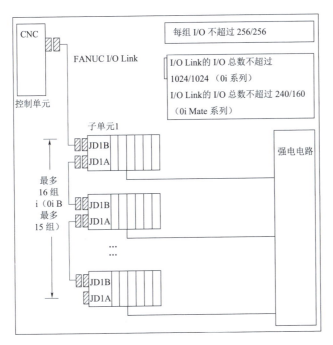

图 1-2-24 I/O Link 的连接

	CB104 HIROSE 50PIN			CB105 HIROSE 50PIN			CB106 HIROSE 50PIN			CB107 HIROSE 50PIN	
	A	B		A	B		A	B		A	B
01	0 V	+24 V	01	0 V	+24 V	01	0 V	+24 V	01	0 V	+24 V
02	Xm+0.0	Xm+0.1	02	Xm+3.0	Xm+3.1	02	Xm+4.0	Xm+4.1	02	Xm+7.0	Xm+7.1
03	Xm+0.2	Xm+0.3	03	Xm+3.2	Xm+3.3	03	Xm+4.2	Xm+4.3	03	Xm+7.2	Xm+7.3
04	Xm+0.4	Xm+0.5	04	Xm+3.4	Xm+3.5	04	Xm+4.4	Xm+4.5	04	Xm+7.4	Xm+7.5
05	Xm+0.6	Xm+0.7	05	Xm+3.6	Xm+3.7	05	Xm+4.6	Xm+4.7	05	Xm+7.6	Xm+7.7
06	Xm+1.0	Xm+1.1	06	Xm+8.0	Xm+8.1	06	Xm+5.0	Xm+5.1	06	Xm+10.0	Xm+10.1
07	Xm+1.2	Xm+1.3	07	Xm+8.2	Xm+8.3	07	Xm+5.2	Xm+5.3	07	Xm+10.2	Xm+10.3
08	Xm+1.4	Xm+1.5	08	Xm+8.4	Xm+8.5	08	Xm+5.4	Xm+5.5	08	Xm+10.4	Xm+10.5
09	Xm+1.6	Xm+1.7	09	Xm+8.6	Xm+8.7	09	Xm+5.6	Xm+5.7	09	Xm+10.6	Xm+10.7
10	Xm+2.0	Xm+2.1	10	Xm+9.0	Xm+9.1	10	Xm+6.0	Xm+6.1	10	Xm+11.0	Xm+11.1
11	Xm+2.2	Xm+2.3	11	Xm+9.2	Xm+9.3	11	Xm+6.2	Xm+6.3	11	Xm+11.2	Xm+11.3
12	Xm+2.4	Xm+2.5	12	Xm+9.4	Xm+9.5	12	Xm+6.4	Xm+6.5	12	Xm+11.4	Xm+11.5
13	Xm+2.6	Xm+2.7	13	Xm+9.6	Xm+9.7	13	Xm+6.6	Xm+6.7	13	Xm+11.6	Xm+11.7
14			14			14	COM4		14		
15			15			15			15		
16	Yn+0.0	Yn+0.1	16	Yn+2.0	Yn+2.1	16	Yn+4.0	Yn+4.1	16	Yn+6.0	Yn+6.1
17	Yn+0.2	Yn+0.3	17	Yn+2.2	Yn+2.3	17	Yn+4.2	Yn+4.3	17	Yn+6.2	Yn+6.3
18	Yn+0.4	Yn+0.5	18	Yn+2.4	Yn+2.5	18	Yn+4.4	Yn+4.5	18	Yn+6.4	Yn+6.5
19	Yn+0.6	Yn+0.7	19	Yn+2.6	Yn+2.7	19	Yn+4.6	Yn+4.7	19	Yn+6.6	Yn+6.7
20	Yn+1.0	Yn+1.1	20	Yn+3.0	Yn+3.1	20	Yn+5.0	Yn+5.1	20	Yn+7.0	Yn+7.1
21	Yn+1.2	Yn+1.3	21	Yn+3.2	Yn+3.3	21	Yn+5.2	Yn+5.3	21	Yn+7.2	Yn+7.3
22	Yn+1.4	Yn+1.5	22	Yn+3.4	Yn+3.5	22	Yn+5.4	Yn+5.5	22	Yn+7.4	Yn+7.5
23	Yn+1.6	Yn+1.7	23	Yn+3.6	Yn+3.7	23	Yn+5.6	Yn+5.7	23	Yn+7.6	Yn+7.7
24	DOCOM	DOCOM	24	DOCOM	DOCOM	24	DOCOM	DOCOM	24	DOCOM	DOCOM
25	DOCOM	DOCOM	25	DOCOM	DOCOM	25	DOCOM	DOCOM	25	DOCOM	DOCOM

图 1-2-25 I/O 单元连接器地址分配

需要特别说明的是：连接器（CB104、CB105、CB106、CB107）的引脚 B01（+24 V）用于 DI 输入信号，它输出 DC 24 V，不要将外部 24 V 电源连接到这些引脚。每一个 DOCOM 都连在印制板上，如果使用连接器的 DO 信号（Y），请确定输入 DC 24 V 到每个连接器的 DOCOM。

当使用 0i 用 I/O 模块且不连接其他模块时，可以设置如下：X 地址设定界面如图 1-2-26 所示，X 从 X0 开始设置为 0.0.1.OC02I；Y 地址设定界面如图 1-2-27 所示，Y 从 Y0 开始为 0.0.1./8，具体设置说明如下：

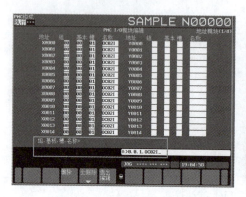
图 1-2-26　X 地址设定界面

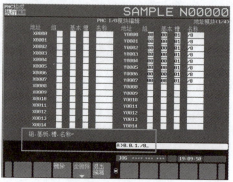
图 1-2-27　Y 地址设定界面

① 系统的 I/O 模块的分配很自由，但有一个规则，即连接手轮的手轮模块必须为 16 字节，且手轮连在离系统最近的一个 16 字节大小的模块的 JA3 接口上。对于此 16 字节模块，Xm+0～Xm+11 用于输入点，即使实际上没有那么多点，但为了连接手轮也需要如此分配。Xm+12～Xm+14 用于三个手轮的输入信号。只连接一个手轮时，旋转手轮可以看到 Xm+12 中的信号在变化。Xm+15 用于输入信号的报警。

② 各 I/O Link 模块都有一个独立的名字，在进行地址设定时，不仅需要指定地址，还需要指定硬件模块的名字，OC02I 为模块的名字，它表示该模块的大小为 16 字节，OC01I 表示该模块的大小为 12 字节，/8 表示该模块有 8 个字节，在模块名称前的"0.0.1"表示硬件连接的组、基板、槽的位置。从一个 JD1A 引出来的模块算是一组，在连接的过程中，要改变的仅仅是组号，数字从靠近系统的模块由 0 开始逐渐递增。

③ 原则上 I/O 模块的地址可以在规定范围内任意处定义，但是为了机床的梯形图统一管理，最好按照以上推荐的标准定义。注意：一旦定义了起始地址（m）该模块的内部地址就分配完毕。

I/O 模块地址分配主要是确定输入输出模块信号的首地址 m、n，如果 I/O 模块中连接有高速输入信号，首地址确定以确保高速信号固定地址为原则；如果有多个 I/O 模块，且有 I/O 模块没有连接高速输入信号，则首地址确定以地址不相互冲突为原则。如果急停信号接至 I/O 模块 CB104 的 A04 接线端子上，地址为 Xm+0.4，由于急停信号地址为 FANUC 固定地址 X8.4，Xm+0.4=X8+0.4，所以 m 为 8，因此起始地址设定为 X8，从 X8 开始进行地址分配，I/O 模块有 12 字节，则占用地址为 X8～X19；如果急停信号接至 I/O 模块 CB105 的 A08 接线端子上，则地址为 Xm+0.4，由于急停信号地址为 X8.4，Xm+8.4=X0+8.4，所以 m 为 0。因此，起始地址设定为 X0，从 X0 开始进行地址分配，I/O 模块有 12 字节，则占用地址为 X0～X11。

④在模块分配完毕后,要注意保存,然后机床断电再上电,分配的地址才能生效。同时注意模块要优先于系统上电,否则系统上电时无法检测到该模块。

⑤地址设定的操作可以在系统界面上完成,如图 1-2-26 所示。也可以在 FANUC LADDER Ⅲ 软件中进行地址设定,如图 1-2-28 所示,0i D 的梯形图编辑必须在 FANUC LADDER Ⅲ 5.7 版本或以上版本上才可以编辑,0i F PLUS 的梯形图编辑必须在 FANUC LADDER Ⅲ 8.0 版本以上才可以编辑。

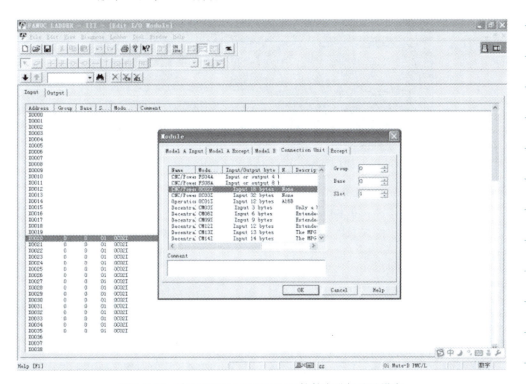

图 1-2-28 在 FANUC LADDER Ⅲ 软件中进行地址设定

3.0i F I/O Link 地址分配

(1) I/O Link i 模块参数设定

FANUC 0i F 地址分配可以使用 I/O Link 和 I/O Link i 两个通道,在参数 NO.11933 #0 和 #1 中进行 I/O Link 和 I/O Link i 通道设置,如图 1-2-29 所示。如果使用 I/O Link i 通信,I/O Link i 模块参数设定如图 1-2-30 所示,将参数 NO.11933 #0 和 #1 都设定为 1。

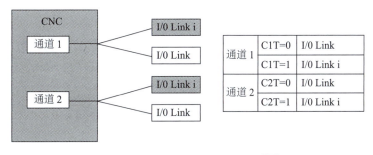

图 1-2-29 I/O Link 和 I/O Link i 通道设置

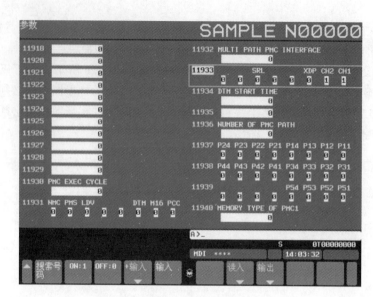

图 1-2-30　I/O Link i 模块参数设定

（2）0i F I/O Link i 地址分配

按照以下步骤操作进入 0i F I/O Link i 地址分配页面。

①编辑许可设定。按下【SYSTEM】→【>】→【PMC 配置】→【>】→【设定】软键，选择梯形图"编辑许可"和"编程器功能有效"选项，如图 1-2-31 所示。

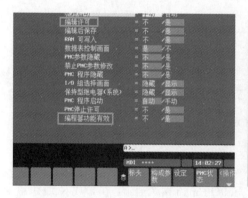

图 1-2-31　开启梯形图"编辑许可"和编辑器功能有效选项

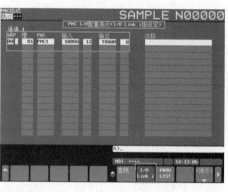

图 1-2-32　进入 I/O Link i 设定画面

②进入 I/O Link i 设定界面。按下【SYSTEM】→【>】→【PMC 配置】→【>】→【I/O Link i】软键，进入 I/O Link i 设定页面，如图 1-2-32 所示。在这个页面中可以对 X 信号起始地址、Y 信号起始地址、信号字节数、手轮等进行设定。图中参数含义如下：

a. GRP（组）：默认 00，在设定过程中，依据组数系统会自动生成相应的顺序组号；

b. 槽：默认 01，系统根据硬件连接方式会自动生成；

c. 输入：分配输入地址的起始地址；

d. 输出：分配输出地址的起始地址；

e. 12 和 8：分别代表输入和输出信号的字节数。

4. I/O Link 地址分配操作实例

下面以 I/O 单元地址设定为例，说明地址分配的操作过程。

（1）确定 I/O 模块地址范围

I/O 单元共有 96 个输入信号，12 个字节；64 个输出信号，8 个字节。由于急停信号连接在 Xm+8.4 上，所以 I/O 单元输入信号首地址为 X0，地址范围 X0～X11；输出信号首地址为 Y0，地址范围 Y0～Y7。

（2）I/O 模块参数设定

使用 I/O Link i 模块，且使用 I/O Link i 通信，将参数 11933#1、#0 均设定为 1。

（3）设定 PMC 配置设定界面

按照图 1-2-31 的设定进行 PLC 设定操作。

（4）I/O Link i 设定界面的设定

①进入 I/O Link i 设定界面。进入如图 1-2-32 所示 I/O Link i 设定界面。

②按下【编辑】软键，进入 I/O 配置编辑界面，如图 1-2-33 所示。

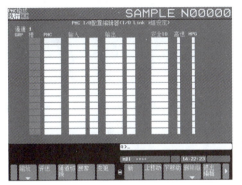

图 1-2-33　进入 I/O 配置编辑界面

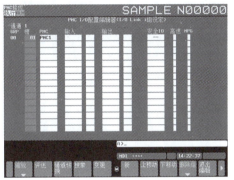

图 1-2-34　新建一个组界面

③按下【新】软键，新建一个组，如图 1-2-34 所示，默认为 0 组、PMC1。

④按下【缩放】软键，可对第 0 组 I/O 设备进行设定。将光标移动到"输入"处，输入"X0"，按下 MDI 键盘上的【INPUT】键，输入 X 地址为 12 字节；将显示光标移动到"输出"处，输入"Y0"，按下 MDI 键盘上的【INPUT】键，输出 Y 地址为 8 字节，注释区域可以不填写。I/O 模块地址设定界面如图 1-2-35 所示。

⑤I/O 单元配置手摇脉冲发生器。在 I/O Link i 主页面上按下【属性】软键，将显示光标移动到本组最后一项 MPG 处，按下【变更】软键，勾选手轮。增加手轮设置界面如图 1-2-36 所示。

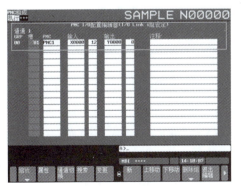

图 1-2-35　I/O 模块地址设定界面

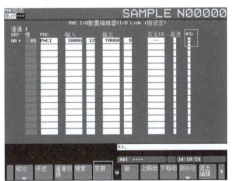

图 1-2-36　增加手轮设置界面

⑥按下【缩放】软键，分配手轮地址，分配结束后，按下【缩放结束】软键。退出手轮地址分配界面，手轮地址分配界面如图1-2-37所示。

⑦按下【退出编辑】软键。系统提示是否将数据写入FROM，按下【是】软键，第1个I/O模块地址分配完成。保存I/O分配数据界面如图1-2-38所示。如果系统有多个I/O模块，可以通过【新建】软键，增加第2个I/O模块设定，具体步骤同上。

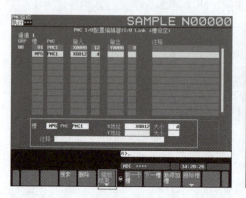 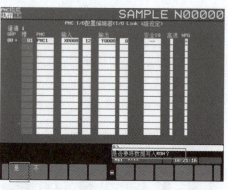

图1-2-37　手轮地址分配界面　　　　图1-2-38　保存I/O分配数据界面

⑧地址分配完成后，进入信号界面查看手轮信号。按下"SYSTEM"→">"→"PMC维护"→"信号状态"→"操作"软键→输入X12→按"搜索"软键，然后旋转手轮，如果信号X12发生变化，说明手轮电缆连接正确，所产生的脉冲信号为系统所接收。手轮地址X12信号状态如图1-2-39所示。

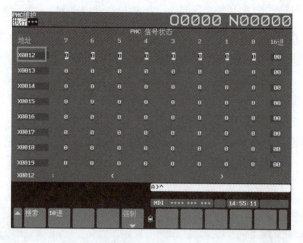

图1-2-39　手轮地址X12信号状态

● 视频

PMC信号追踪功能

（六）梯形图概要及FANUC LADDER III软件的使用

1.梯形图概要

在PMC程序中，使用的编程语言是梯形图（LADDER）。对于PMC程序的执行，可以简要地总结为，从梯形图的开头由上到下，然后由左到右，到达梯形图结尾后再回到梯形图的开头、循环往复，顺序执行，从梯形图的开头直到结束所需要的执行时间叫做循环处理时间，它取决于控制规模的大小。梯形图语句越少，处理周期时间越短，信号响应速度就越快。FANUC 的梯形图使用的是 FANUC LADDER Ⅲ软件进行编辑,梯形图编辑界面如图 1-2-40 所示。

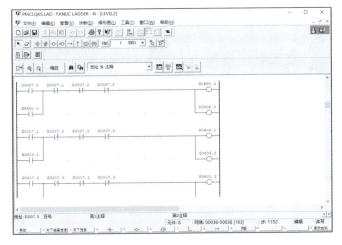

图 1-2-40　梯形图编辑界面

2. FANUC LADDER Ⅲ软件的使用

FANUC LADDER Ⅲ 软件 FANUC 系统 PMC 程序专用编程软件,该软件在 Windows 操作系统下运行,安装在计算机上,可以新建和编辑 PMC 程序,也可以通过软件与数控系统在线监控梯形图状态。

软件的主要功能如下:

①输入、编辑、显示、输出程序。

②监控、调试程序;在线监控梯形图、PMC 状态、显示信号状态。

③显示并设置 PMC 参数。

④执行或停止程序运行。

⑤将程序传入 PMC 或将程序从 PMC 传出。

⑥打印输出 PMC 程序。

(1) 软件的安装

以版本 9.2 为例,此版本可以进行 0i F PLUS 系列 PMC 的程序编制,安装软件同普通的 Windows 软件基本相同。若安装 9.2 版本的升级包,在安装过程中,软件会自动卸载以前的版本后再进行安装。软件安装界面如图 1-2-41 所示。

单击"Start Setup"图标就可以进行安装。

图 1-2-41　软件安装界面

(2) PMC 程序的操作

对于一个简单梯形图程序的编制,常经过 PMC 类型的选择、程序编辑、译码等几步完成。完整的程序还包含标头、I/O 地址、注释、报警信息等。

①PMC 类型的选择。对于 0i F PLUS 系列的数控系统 PMC 程序的编辑,一般包含以下步骤,如图 1-2-42～图 1-2-44 所示。

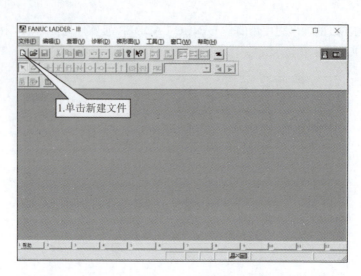

图 1-2-42　步骤 1

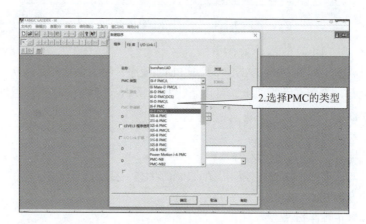

图 1-2-43　步骤 2

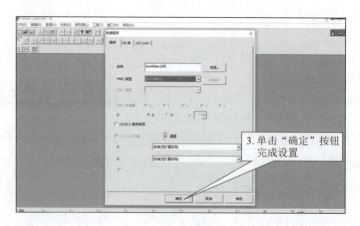

图 1-2-44　步骤 3

②在软件编辑区进行软件的编辑，如图 1-2-45～图 1-2-47 所示。

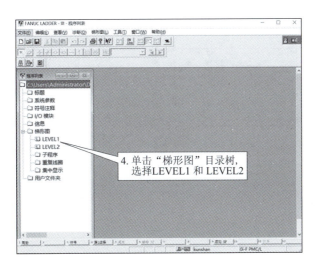

图 1-2-45　步骤 4

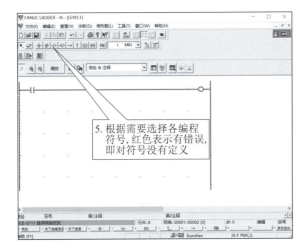

图 1-2-46　步骤 5

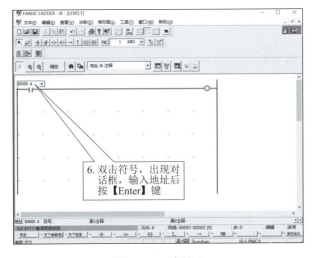

图 1-2-47　步骤 6

③对编辑的内容进行编译。步骤7、步骤8如图1-2-48和图1-2-49所示。

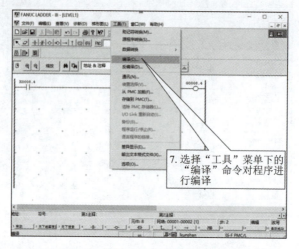

图1-2-48　步骤7

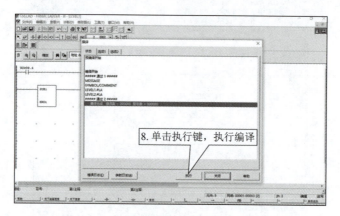

图1-2-49　步骤8

④对编译好的程序进行输出。转化为系统可以识别的文件后，导入系统，如图1-2-50～图1-2-53所示。

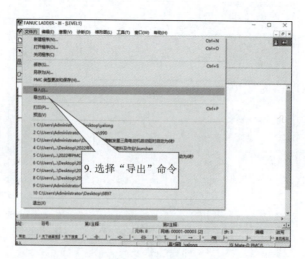

图1-2-50　步骤9

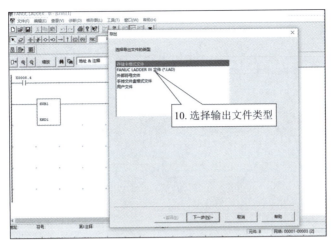

图 1-2-51　步骤 10

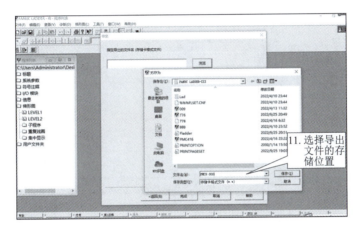

图 1-2-52　步骤 11

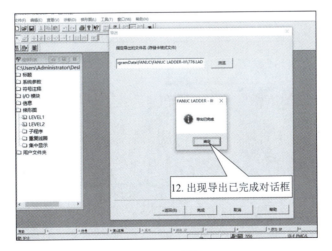

图 1-2-53　步骤 12

⑤在软件中打开系统的 PMC 文件，如图 1-2-54～图 1-2-57 所示。

数控设备维护与装调

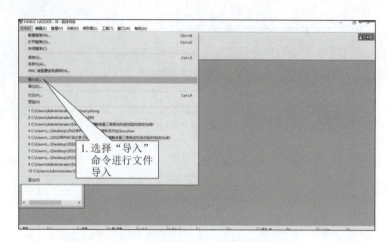

图 1-2-54　步骤 1

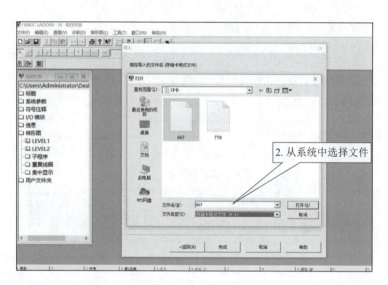

图 1-2-55　步骤 2

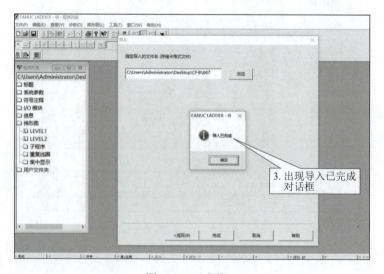

图 1-2-56　步骤 3

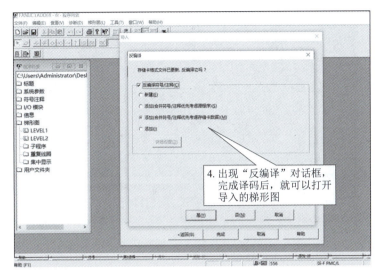

图 1-2-57　步骤 4

（七）PMC 各界面的系统操作

PMC 菜单由多级菜单构成，PMC 菜单结构如图 1-2-58 所示。

视频

PMC 菜单结构、维修与监控功能

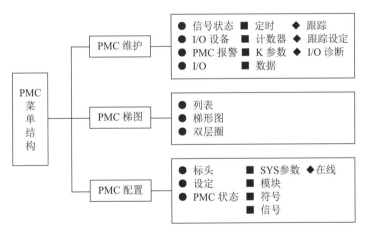

图 1-2-58　PMC 菜单结构

1. 进入 PMC 各界面的操作

首先按下【SYSTEM】软键进入系统参数操作界面，再连续按右扩展菜单进入 PMC 操作界面。

2. 进入 PMC 诊断与维护界面

按下【PMCMNT】软键进入 PMC 诊断与维护界面，如图 1-2-59 所示。

PMC 诊断与维护界面可以监控 PMC 的信号状态、确认 PMC 的报警、设定和显示可变定时器、设定和显示计数器、设定和显示保持继电器、设定和显示数据表、输入/输出数据、显示 I/O Link 连接状态、信号跟踪等功能。

图 1-2-59　PMC 诊断与维护界面

（1）监控 PMC 的信号状态

PMC 信号监控界面如图 1-2-60 所示。在信息状态显示区上，显示在程序中指定的所在地址内容。地址的内容以位模式 0 或 1 显示，最右边每个字节以十六进制或十进制数字显示。在界面下部的附加信息行中，显示光标所在地址的符号和注释。光标对准在字节单位上时，显示字节符号和注释。在该界面上能够显示在 PMC 程序中使用的 X 信号、Y 信号、G 信号、F 信号、R 信号、E 信号、K 信号等所有信号状态。输入希望显示的地址后，按搜索软键就能找到相应的信号状态。按十六进制软键进行十六进制与十进制转换。要改变信息显示状态时按下强制软键，进入到强制开/关界面。

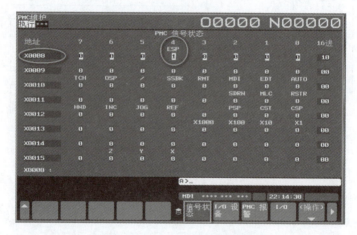

图 1-2-60　PMC 信号监控界面

（2）显示 I/O Link 连接状态

I/O Link 显示界面如图 1-2-61 所示。I/O Link 显示界面上，按照组的顺序显示 I/O Link 上所连接的 I/O 单元种类和 ID 代码。按前通道软键显示上一个通道的连接状态。按次通道软键显示下一个通道的连接状态。

（3）确认 PMC 的报警

PMC 报警画面如图 1-2-62 所示。报警显示区，显示在 PMC 中发生的报警信息。当报警信息较多时会显示多页，这时需要用翻页键来翻到下一页。

图 1-2-61　I/O Link 显示界面

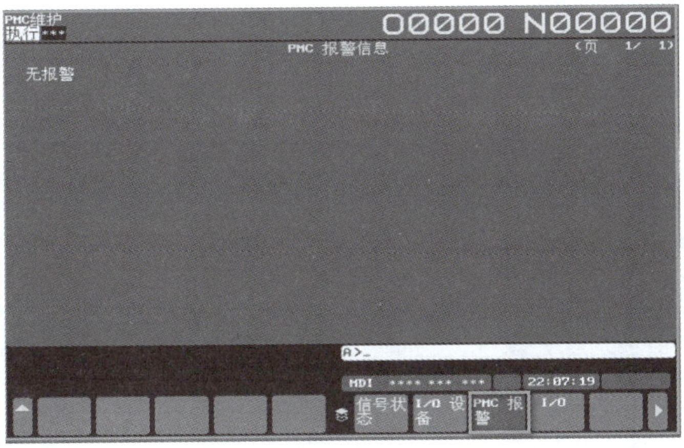

图 1-2-62　PMC 报警界面

（4）输入/输出数据

输入/输出界面如图 1-2-63 所示。在 I/O 界面上，顺序程序，PMC 参数以及各种语言信息数据可被写入指定的装置内，并可以从指定的装置内读出和核对。

光标显示：上下移动各方向选择光标，左右移动各设定内容选择光标。

可以输入/输出的设备有：存储卡、FLASH ROM、软驱、其他。

存储卡：与存储卡之间进行数据的输入/输出。

FLASH ROM：与 FLASH ROM 之间进行数据的输入/输出。

软驱：与 Handy File 之间进行的数据输入/输出。

其他：与其他通用 RS-232 输入/输出设备之间进行数据的输入/输出。

在界面下的状态中显示执行内容的细节和执行状态。此外，在执行写、读取、比较中，作为执行结果显示已经传输完成的数据容量。

（5）设定和显示可变定时器

定时器界面如图 1-2-64 所示。

定时器内容号：用功能指令时指定的定时器号。

地址：由顺序程序参照的地址。

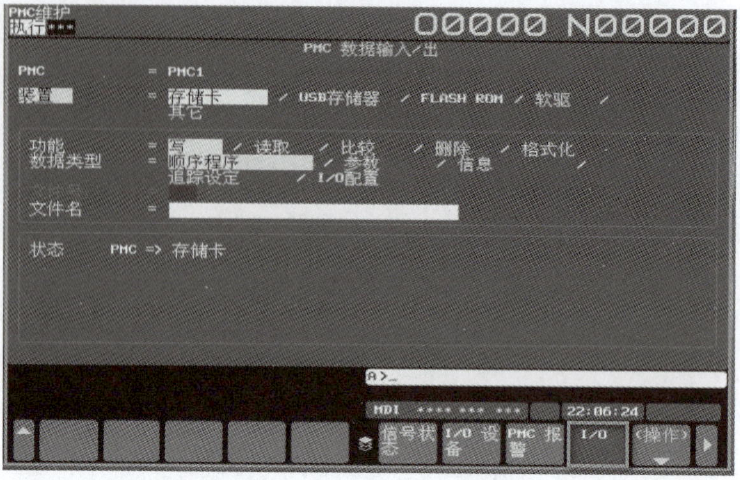

图 1-2-63　输入/输出界面

设定时间：设定定时器的时间。
精度：设定定时器的精度。

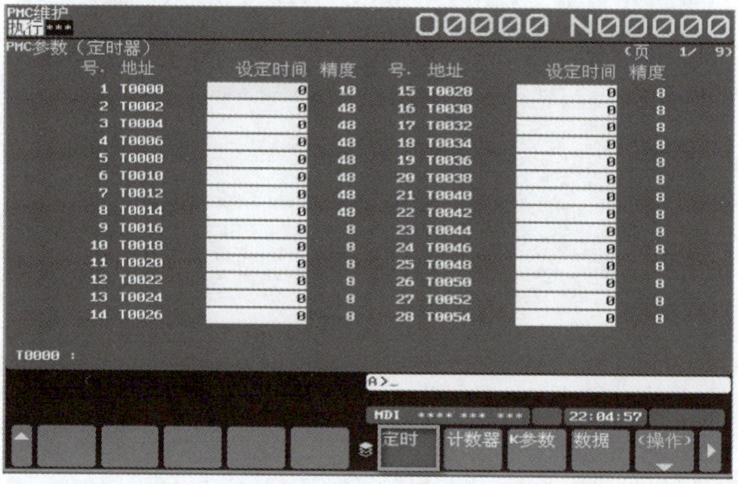

图 1-2-64　定时器界面

（6）设定和显示计数器
计数器界面如图 1-2-65 所示。
计数器内容如下：
号：用功能指令时指定的计数器号。
地址：由顺序程序参照的地址。
设定值：计数器的最大值。
现在值：计数器的现在值。
注释：设定值的 C 地址注释。

（7）设定和显示 K 参数
K 参数显示界面如图 1-2-66 所示。
K 参数内容如下：

地址：由顺序程序参照的地址。

0～7：每一位的内容。

16进：以十六进制显示的内容。

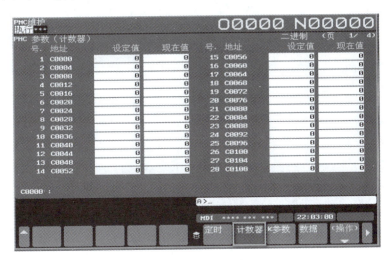

图 1-2-65　计数器界面

图 1-2-66　K参数显示界面

（8）设定和显示 D 参数

D 参数显示界面如图 1-2-67 所示。

数据内容如下：

组数：数据表的数据数。

号：组号。

地址：数据表的开头地址。

参数：数据表的控制参数内容。

型：数据长度。

数据：数据表的数据数。

注释：各组的开头 D 地址的注释。

退出时按【POS】键即可退回到坐标显示界面。

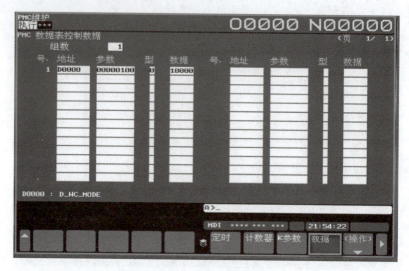

图 1-2-67 D 参数显示界面

3. 进入梯形图监控与编辑界面

进入梯形图监控与编辑界面可以进行梯形图的编辑与监控以及梯形图双线圈的检查等内容。

（1）列表显示界面

列表显示界面如图 1-2-68 所示。主要是显示梯形图的结构等内容，在 PMC 程序一览表中，带有"锁"标记的为不可以查看与不可以修改；带有"放大镜"标记的为可以查看，但不可以编辑；带有"铅笔"标记的表示可以查看，也可以修改。

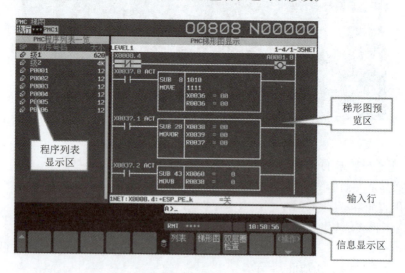

图 1-2-68 列表显示界面

列表包括选择、全部、级1、级2、子程序等，各部分作用见表 1-2-2。

表 1-2-2 程序列表显示区各部分作用

序号	表头名称	符号	含义
1	SP 显示子程序保护 信息及程序类型	✏️	可参照、可编辑、梯形图程序
2		🔍	可参照、不可编辑、梯形图程序
3		🔒	不可参照、不可编辑、所有梯形图程序
4	程序号码	选择	表示选择监控功能
5		全部	表示所有程序
6		级 n (n=1, 2, 3)	表示梯形图的级别 1, 2, 3
7		Pm （m 为子程序号）	表示子程序
8	大小	以字节为单位显示程序大小	程序大小超过 1 024 B 时，以 KB 为单位显示程序容量

（2）梯形图显示界面

梯形图显示界面如图 1-2-69 所示。在 SP 区选择梯形图文件后，进入梯形图显示界面就可以显示梯形图的监控界面，在这个图中就可以观察梯形图各状态的情况。

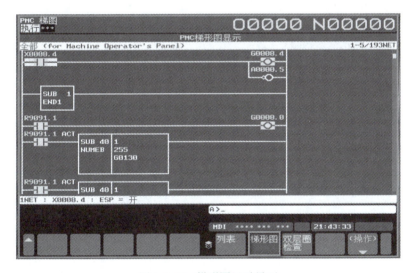

图 1-2-69 梯形图显示界面

（3）双线圈检查界面

双线圈检查画面如图 1-2-70 所示。在双线圈检查界面可以检查梯形图中是否有双线圈输出的梯形图，最右边的【操作】软键表示该菜单下的操作项目，退出时按【POS】键即可退回到坐标显示界面。

4．进入梯形图配置界面

梯形图配置界面可以分为标头、设定、PMC 状态、SYS 参数、模块、符号、信息、在线和一个操作软键。

(1)标头界面

标头界面如图 1-2-71 所示,用于显示 PMC 程序的信息。

(2)PMC 设定界面

PMC 设定界面如图 1-2-72 所示,用于显示 PMC 程序一些设定的内容。

(3)PMC 状态界面

PMC 状态界面如图 1-2-73 所示,用于显示 PMC 的状态信息或者是多路径 PMC 的切换。

(4)SYS 参数界面

SYS 参数界面如图 1-2-74 所示,用于显示和编辑 PMC 的系统参数的界面。

(5)I/O Link 模块界面

I/O Link 模块界面如图 1-2-75 所示,用于显示和编辑 I/O 模块的地址表等内容。

图 1-2-70 双线圈检查界面

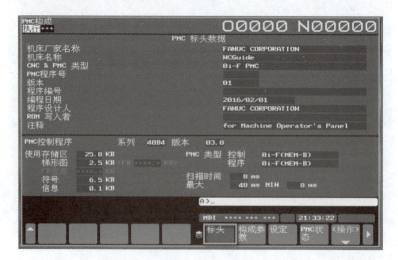

图 1-2-71 标头界面

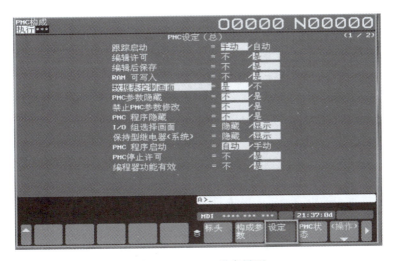

图 1-2-72　PMC 设定界面

图 1-2-73　PMC 状态界面

图 1-2-74　SYS 参数界面

学习笔记

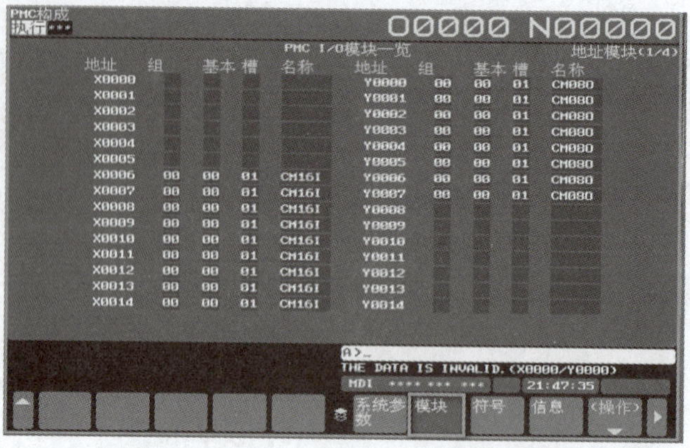

图 1-2-75 I/O Link 模块界面

（6）符号模块界面

符号模块界面如图 1-2-76 所示，用于显示和编辑 PMC 程序中用到的符号的地址与注释等信息。

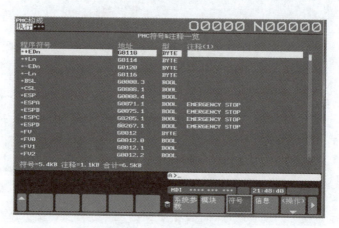

图 1-2-76 符号模块界面

（7）报警信息界面

报警信息界面如图 1-2-77 所示，用于显示和编辑报警信息的内容。

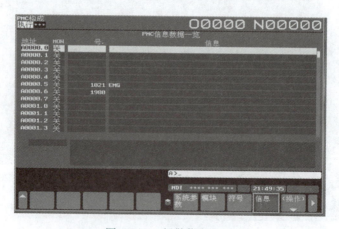

图 1-2-77 报警信息界面

(8) 在线设定界面

在线设定界面如图 1-2-78 所示，用于在线监控的参数的设定，退出时按【POS】键即可退回到坐标显示界面。

图 1-2-78　在线设定界面

(八) PMC 基本指令编辑

1. 内置编码器开启与操作

要实现数控系统 PMC 程序编辑功能，必须使得编程器功能有效，同时能保存编辑后的 PMC 程序，这些功能的实现需要对内置编程器进行设定。

按下【SYSTEM】→【>】→【PMC 配置】→【设定】软键，进入 PMC 设定界面，如图 1-2-79 所示。

在 PMC 设定界面，进行以下设定：
①将"编辑后保存"设定为"是"；
②将"编辑器功能有效"设定为"是"。

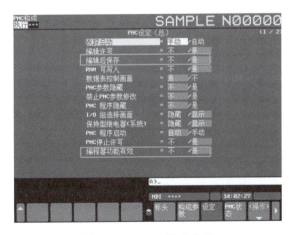

图 1-2-79　PMC 设定界面

2. PMC 基本指令编辑

(1) PMC 编辑菜单结构

按下【SYSTEM】→【>】→【PMC 梯图】→【梯形图】→【操作】→【编辑】软键，

视　频

PMC 梯形图的编辑操作

进入 PMC 梯形图编辑界面。PMC 梯形图子菜单结构如图 1-2-80 所示。

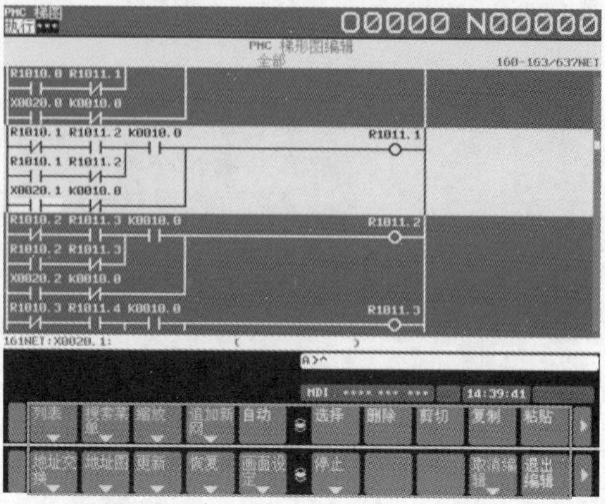

图 1-2-80　PMC 梯形图子菜单结构

各子菜单的作用见表 1-2-3。

表 1-2-3　PMC 梯形图编辑各子菜单作用

序号	子菜单	子菜单作用
1	列表	显示程序结构的组成
2	搜索菜单	进入检索方式的按键
3	缩放	修改光标所在位置的网格
4	追加新网	在光标位置之前编辑新的网格
5	自动	地址号自动分配（避免出现重复使用地址号的现象）
6	选择	选择复制、删除、剪切的程序
7	删除	删除所选择的程序
8	剪切	剪切所选择的程序
9	复制	复制所选择的程序
10	粘贴	粘贴所复制、剪切的程序到光标所在位置
11	地址交换	批量更换地址号
12	地址图	显示程序所使用的地址分布
13	更新	编辑完成后更新程序的 RAM 区
14	恢复	恢复更改前的原程序（更新之前有效）
15	画面设定	PMC 梯形图编辑相关设定
16	停止	停止 PMC 的运行
17	取消编辑	取消当前编辑，退出编辑状态
18	退出编辑	编辑完后退出

(2) 追加新的梯形图网格

①追加新网。如果要在梯形图某一个网格之前追加一个新的网格,按照以下步骤操作:

将光标移动至拟追加新网格之后的行,按【追加新网】软键,进入追加新网格界面,如图 1-2-81 所示。显示器下方显示有触点、线圈、功能指令、连线等程序编辑相关的软键。在这个界面,可以根据功能要求进行添加触点、线圈、功能指令等 PMC 编辑操作。

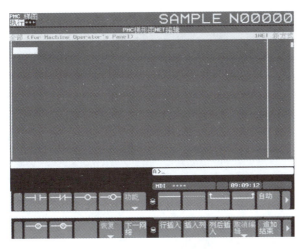

图 1-2-81　追加新网格界面

②编辑新网。以急停 PMC 程序编辑为例,说明添加常开触点、常闭触点、线圈等网格要素"与"和"或"等编辑操作。

按下【SYSTEM】→【>】→【PMC 梯图】→【梯形图】→【操作】→【编辑】→【列表】软键,进入第 1 级梯形图,按下【追加新网】软键,进入急停程序编辑界面。

输入地址"X8.4"→按常开触点键 ┤├ →输入地址"X8.6"→按常触点键 ┤├ →输入地址"G8.4"→按线圈键 ─○─ →光标移动至 G8.4 下方网格位置→输入地址"G7.1"→按线圈键 ─○─ →按连线键 └─ →">"→按追加结束键 追加结束 →根据提示保存程序。急停 PMC 程序编辑界面如图 1-2-82 所示。

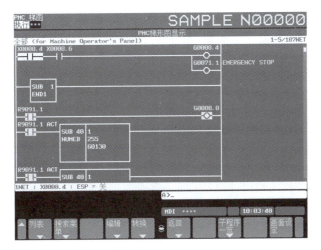

图 1-2-82　急停 PMC 程序编辑界面

（3）修改梯形图网格

按原有梯形图网格，照以下步骤进行操作：

将光标移动到拟修改的梯形图网格行，按下【缩放】键，则进入梯形图修改界面，显示器下方显示与"追加新网格"界面相同的软键，包括触点、线圈功能指令等程序编辑相关的软键。如图1-2-83所示，为梯形图"缩放"界面，在这个界面中，可以根据功能要求进行添加触点、线圈等PMC程序修改操作。

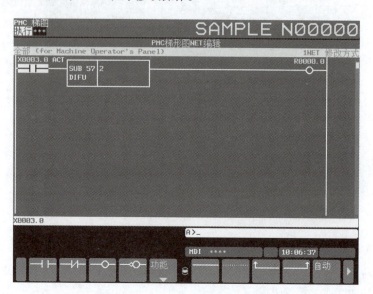

图1-2-83　梯形图"缩放"界面

三、机床启动相关知识

机床上电后，就要旋开急停按钮，让它动起来。在这一操作过程中容易出现"机床一直急停"和"机床复位未完成"等故障。

1. 急停与复位概念

急停控制的目的是在紧急情况下，使机床上的所有运动部件制动，使其在最短时间内停止运行，保护人身和设备的安全。急停的产生一般有两种途径：

①机床运行过程中，在危险或紧急情况下，人为按下急停按钮，数控系统即进入急停状态，伺服进给及主轴运转立即停止工作（控制柜内的进给驱动电源被切断）。

②机床发生超程或伺服报警等故障，系统自动使机床进入急停状态。

故障排除后，松开急停按钮（右旋此按钮后其自动挑起），系统进入复位状态，复位完成后，接通伺服电源，机床恢复运动功能。

2. 急停回路设计

急停处理一般包含硬件（急停回路）和软件（PLC）两部分，急停硬件和软件信号如图1-2-84所示。急停回路的设计原理基本上都是相同的，急停按钮一般与硬限位开关串联起来，且通常使用开关的动断触点。

机床碰到硬限位开关或按下急停按钮，将进入紧急停止状态。该信号输入至CNC控制器、伺服放大器以及主轴放大器。

当急停信号（*ESP）和行程限位开关皆闭合时，CNC控制器进入急停状态，伺服和主轴电动机处于可控及运行状态。

当急停信号（*ESP）或行程限位开关断开时，CNC 控制器复位并进入急停状态，伺服和主轴电动机减速直至停止。图 1-2-85 为 FANUC 系统的急停回路设计。

硬件信号	#7	#6	#5	#4	#3	#2	#1	#0
地址 X0008				*ESP_1				

软件信号	#7	#6	#5	#4	#3	#2	#1	#0
地址 X0008				*ESP				

图 1-2-84 急停硬件和软件信号

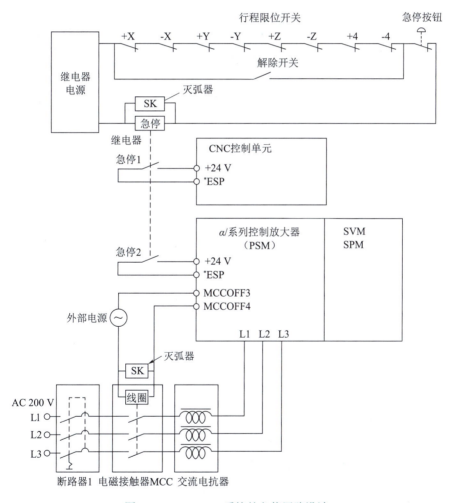

图 1-2-85 FANUC 系统的急停回路设计

3. 急停产生途径

① 人为按下急停按钮。当机床加工完工件的时候，我们会先按下急停按钮，然后关闭数控系统，下次重新起机的时候，就会出现急停报警。当数控机床出现危险状况的时

候，我们会及时按下红色急停按钮，机床立即会出现急停报警。

②机床发生超程或伺服报警等故障，系统自动使机床进入急停状态。当我们进行操作机床的时候，对刀没有对好，加工操作的时候就会出现机床超程，然后会出现超程报警。

4. 本机床急停控制的设计

本数控机床中急停硬件连接如图 1-2-86 所示，急停回路的设计如图 1-2-87 所示。

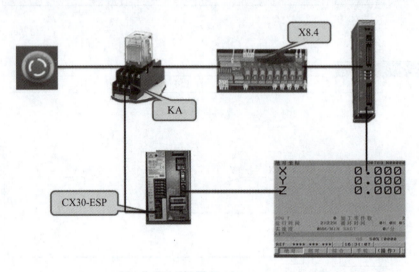

图 1-2-86　急停硬件连接

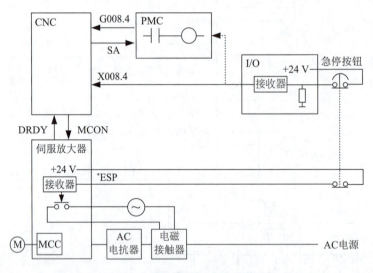

图 1-2-87　急停回路的设计

因此，数控机床的急停控制回路主要包括：

① KA 回路如图 1-2-88 所示。松开急停按钮，KA 得电。

② PMC X8.4 回路如图 1-2-89 所示。X8.4 高电平时，PMC 程序将 G8.4 置 1。

③ CX30(急停输入信号) 如图 1-2-90 所示。KA 闭合，电源模块获得急停信息伺服可工作。

④ KM 回路如图 1-2-91 所示。CX29 用于检测 CX30 状态，CX29 闭合，KM 得电电源模块获得动力电源。

学习情境 1　机床启动及回零故障维修

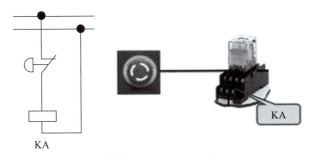

图 1-2-88　KA 回路

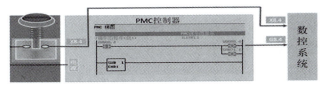

（a）PMC 程序

（b）PMC 信号状态

图 1-2-89　PMC X8.4 回路

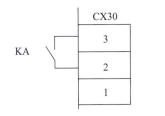

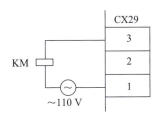

图 1-2-90　CX30（急停输入信号）　　　图 1-2-91　KM 回路

任务分析

在数控机床启动过程中，系统不能复位显示报警故障是一个常见的故障现象，引起此故障的原因也较多，总的来说，引起此类故障的原因大致可以分为如下几种：

①电气方面的原因，引起急停回路不闭合的原因有：急停回路断路，限位开关损坏或断开，急停按钮损坏。

②系统参数设置错误，使系统信号不能正常输入输出或复位条件不能满足引起的急停故障。若 PMC 软件未向系统发送复位信息，检查 KA 中间继电器，检查 PMC 程序。

③松开急停按钮，PMC 中规定的系统复位所需要完成的信息，如"伺服动力电源准备好"和"主轴准备好"等未满足要求，检查伺服动力电压是否准备好；检查电源模

学习笔记

块；检查电源模块接线；检查伺服动力电源空气开关等。

④PMC程序编写错误，检查逻辑电路。急停回路是为了保证机床的安全运行而设计的，所以整个系统的各个部分出现故障均有可能引起急停。

任务实施

视频

急停报警不能复位故障维修

以“急停报警故障维修”任务为例，按照“检查—计划—诊断—维修—试机”五步故障维修工作法排除故障。

1. 检查

（1）故障发生时的情况记录

故障现象是机床正常上电后，数控系统屏幕可正常点亮，但屏幕提示机床处于急停状态，外观检查发现机床实际并未处于急停和超程状态。

（2）故障发生频繁程度记录

机床从昨天晚上开始一直存在此故障。

（3）故障时的外界条件记录

发生故障时的周围环境温度正常，周围没有强烈的振动源。

2. 计划

对数控机床现场检查情况，进行团队会议，进行讨论分析，并填写工作单中的计划单、决策单和实施单。初步从理论上分析，问题可能出现在急停回路，下一步的故障诊断应着重分析急停控制回路，该回路上的每一处错误都有可能造成此类故障现象的发生。根据急停控制原理图进行故障排查。

3. 诊断

根据诊断思路，进行现场诊断，步骤如下：

①检查KA回路，注意电压为直流DC 24 V，旋开急停按钮时，发现KA指示灯没有亮，然后进入PMC界面，如图1-2-92所示，查看与急停有关的PMC状态，发现X8.4和G8.4一直处于0的状态。

②关闭机床电源，用万用表查看KA回路情况，查看急停按钮是否损坏，发现急停按钮损坏。

4. 维修

把备用急停按钮安装在急停控制电路。

5. 试机

重新上电，旋开急停按钮，数控系统没有出现急停报警，故障排除。

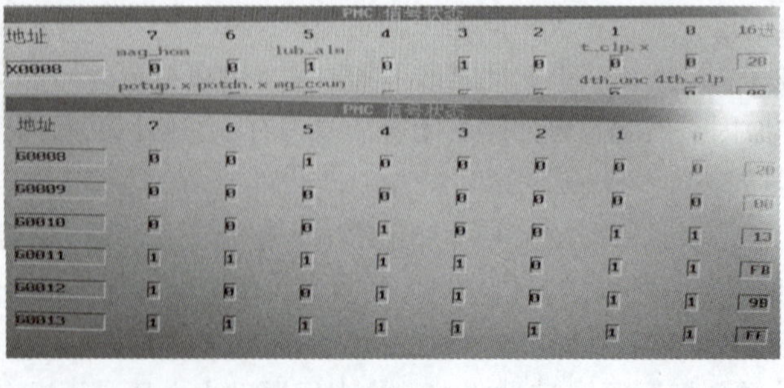

图1-2-92　PMC X8.4和G8.4信号状态

急停故障维修工作单

计 划 单

学习情境 1	机床启动及回零故障维修		任务 1.2	急停故障维修
工作方式	组内讨论、团结协作共同制订计划：小组成员进行工作讨论，确定工作步骤		计划学时	0.5 学时
完成人	1.　　2.　　3.　　4.　　5.　　6.　　…			

计划依据：①数控机床电气原理图；②教师分配的不同机床的故障现象

序号	计划步骤	具体工作内容描述
1	准备工作（准备工具、材料，谁去做）	
2	组织分工（成立小组，人员具体都完成什么）	
3	现场记录（都记录什么内容）	
4	排除具体故障（怎么排除，排除故障前要做哪些准备）	
5	机床运行检查工作（谁去检查，都检查什么）	
6	整理资料（谁负责，整理什么）	
制订计划说明	（写出制订计划中人员为完成任务的主要建议或可以借鉴的建议，以及排除故障的具体实施步骤）	

决 策 单

学习情境 1	机床启动及回零故障维修	工作任务 1.2		急停故障维修
决策学时		0.5 学时		

	小组成员	方案的可行性（维修质量）	排除故障合理性(加工时间)	方案的经济性（加工成本）	综合评价
方案对比	1				
	2				
	3				
	4				
	5				
	6				
	⋮				
决策评价	（排除急停故障最佳方案是什么？最差方案是什么？描述清楚，做出最佳综合评价选择）				

● ● ● ● 实　施　单 ● ● ● ●

学习情境 1	机床启动及回零故障维修		工作任务 1.2	急停故障维修
实施方式	小组成员合作共同研讨确定实践的实施步骤		实施学时	1 学时
序号	实施步骤			使用资源
1				
2				
3				
4				
5				
6				
⋮				

实施说明：

实施评语：

班级			组员签字	
教师签字		第　　组	组长签字	日期

检 查 单

学习情境 1	机床启动及回零故障维修	任务 1.2	急停故障维修
检查学时	课内 0.5 学时	第 组	
检查目的及方式	实施过程中教师监控小组的工作情况，如检查等级为不合格，小组需要整改，并拿出整改说明		

序号	检查项目	检查标准	检查结果分级（在检查相应的分级框内划"√"）				
			优秀	良好	中等	合格	不合格
1	准备工作	资源已查到情况、材料准备完整性					
2	分工情况	安排合理、全面，分工明确方面					
3	工作态度	小组工作积极主动、全员参与方面					
4	纪律出勤	按时完成负责的工作内容、遵守工作纪律方面					
5	团队合作	相互协作、互相帮助、成员听从指挥方面					
6	创新意识	任务完成不照搬照抄，看问题具有独到见解和创新思维					
7	完成效率	工作单记录完整，按照计划完成任务					
8	完成质量	工作单填写准确，记录单检查及修改达标方面					
检查评语						教师签字：	

任务评价

1. 小组工作评价单

学习情境 1	机床启动及回零故障维修		任务1.2		急停故障维修	
	评价学时			课内 0.5 学时		
班级			第 组			
考核情境	考核内容及要求	分值（100）	小组自评（10%）	小组互评（20%）	教师评价（70%）	实得分（∑）
汇报展示（20）	演讲资源利用	5				
	演讲表达和非语言技巧应用	5				
	团队成员补充配合程度	5				
	时间与完整性	5				
质量评价（40）	工作完整性	10				
	工作质量	5				
	故障维修完整性	25				
团队情感（25）	核心价值观	5				
	创新性	5				
	参与率	5				
	合作性	5				
	劳动态度	5				
安全文明（10）	工作过程中的安全保障情况	5				
	工具正确使用和保养、放置规范	5				
工作效率（5）	能够在要求的时间内完成，每超时 5 min 扣 1 分	5				

2. 小组成员素质评价单

学习情境 1	机床启动及回零故障维修	任务 1.2		急停故障维修		
班级		第　　组		成员姓名		
评分说明	每个小组成员评价分为自评和小组其他成员评价两部分，取平均值计算，作为该小组成员的任务评价个人分数。评价项目共设计 5 个，依据评分标准给予合理量化打分。小组成员自评分后，要找小组其他成员以不记名方式打分					
评分项目	评分标准	自评分	成员1评分	成员2评分	成员3评分	成员4评分	成员5评分
核心价值观（20分）	社会主义核心价值观的思想及行动方面						
工作态度（20分）	按时完成负责的工作内容，遵守纪律，积极主动参与小组工作，全过程参与，具有吃苦耐劳的工匠精神						
交流沟通（20分）	能良好地表达自己的观点，能倾听他人的观点						
团队合作（20分）	与小组成员合作完成任务，做到相互协作、互相帮助、听从指挥						
创新意识（20分）	看问题能独立思考，提出独到见解，能够运用创新思维解决遇到的问题						
最终小组成员得分							

课后反思

学习情境 1	机床启动及回零故障维修	任务 1.2	急停故障维修
班级		第　　组	成员姓名

情感反思	通过对本任务的学习和实训，你认为自己在社会主义核心价值观、职业素养、学习和工作态度等方面有哪些需要提高的地方
知识反思	通过对本任务的学习，你掌握了哪些知识点？请画出思维导图
技能反思	在完成本任务的学习和实训过程中，你主要掌握了哪些排故技能
方法反思	在完成本任务的学习和实训过程中，你主要掌握了哪些分析和解决问题的方法

思考与练习

一、单选题（只有 1 个正确答案）

1. F-ROM 用于存储系统文件和（　　）文件。
   A. 系统参数　　　B. 螺距误差补偿值　　　C. 加工程序　　　D. PMC 程序
2. （　　）是职业道德修养的前提。
   A. 学习先进人物的优秀品质　　　B. 确立正确的人生观
   C. 培养自己良好的行为习惯　　　D. 增强自律性
3. 职业道德的实质内容是（　　）。
   A. 改善个人生活　　　B. 增加社会的财富
   C. 树立全新的社会主义劳动态度　　　D. 增强竞争意识
4. 采用 CF 卡方式传递数据需要对 #20 参数进行设定的值为（　　）。
   A. 4　　　　B. 17　　　　C. 15　　　　D. 19

二、多选题（有至少 2 个正确答案）

1. 用户文件包括（　　）、刀具补偿值、工件坐标系数据和 PMC 参数等。
   A. 系统参数　　　B. 螺距误差补偿值　　　C. 宏程序　　　D. 加工程序
2. PMC 程序由（　　）构成。
   A. 第一级程序　　　B. 第二级程序　　　C. 若干个子程序　　　D. 第三级程序
3. 在一个扫描周期内可编程控制器工作过程分为（　　）三个阶段。
   A. 输入采样　　　B. 程序执行　　　C. 输出刷新　　　D. 程序存储
4. 引起急停回路不闭合的原因有（　　）。
   A. 急停回路短路　　　B. 限位开关损坏　　　C. "急停"按钮损坏　　　D. 限位开关断开

三、判断题（对的划"√"，错的划"×"）

1. 当数控机床出现危险的时候第一时间要按下急停按键。（　　）
2. X8.4 表示急停信号。（　　）
3. 数控机床从厂家买回后不需要数据的备份。（　　）
4. OC02I 为模块的名字，它表示该模块的大小为 16 字节。（　　）

四、简答题

1. 简述数控系统的数据参数为什么要备份？
2. 通常用什么载体去进行数据备份，备份的方法有哪些？
3. 简述数据文件主要分为哪几类？
4. 与传统的继电器控制电路相比 PLC 有什么特点？
5. 简述 PMC 程序结构及执行过程？
6. 急停控制的目的是什么？
7. 急停控制回路一般是采用开关的动断触点还是动合触点？
8. X8.4、G8.4 和其他的参数代码有什么不同？
9. 简述急停产生途径有哪些？

任务 1.3　回零故障维修

任务工单

学习情境 1	机床启动及回零故障维修		任务 1.3	回零故障维修
任务学时			4 学时（课外 4 学时）	
布置任务				
工作目标	①能描述数控机床回参考点过程； ②能列举出回参考点方式； ③能设置数控机床参考点； ④能调整数控机床的硬限位和软限位； ⑤能根据故障现象，排除数控机床回零常见故障； ⑥能在完成任务过程中培养安全意识，锻炼职业素养，养成诚实守信的品质，树立团队意识、工匠精神，培养爱岗敬业精神和爱国情怀			
任务描述	在某数控车间，一台配 FANUC 0i Mate 数控系统机床，在 x 轴回参考点的过程中出现超程报警，不能正常回参考点，如下图所示。根据故障现象，排除此超程报警故障，且在排除故障过程中，能够完成参考点的建立与调整，以及建立数控机床的软限位 报警信息　　　　　　　　　　　O1128 N00000 OT0500（X）正向超程（软限位1） 超程报警信息			
学时安排	资讯	计划	决策	实施	检查	评价
	1 学时	0.5 学时	0.5 学时	1 学时	0.5 学时	0.5 学时
对学生学习及成果的要求	①学生具备数控机床电气原理图识读能力； ②严格遵守实训基地各项管理规章制度； ③严格遵守课堂纪律，学习态度认真、端正，能够正确评价自己和同学在本任务中的素质表现； ④每位同学必须积极参与小组工作，承担排故检查的相应劳动工作，做到能够积极主动不推诿，能够与小组成员合作完成工作任务； ⑤每位同学均须独立或在小组同学的帮助下完成排故过程中技能训练工作单的填写，并提请检查、签认，对发现的错误务必及时修改； ⑥每组必须完成排故任务并填写全部故障维修工作单，然后提请教师进行小组评价，小组成员分享小组评价分数或等级； ⑦每名同学均完成任务反思，以小组为单位提交			

学习导图

任务1.3 回零故障维修

知识点
- 数控机床回参介绍
- 数控机床的硬限位与软限位
- 数控机床超程报警
- 描述数控机床回参考点过程

技能点
- 设置数控机床参考点
- 调整数控机床的硬限位和软限位
- 根据故障现象,排除数控机床回零常见故障

素质融入点
- 通过回零点方式的介绍和软硬限位的设置,培养学生的创新精神和安全意识
- 通过故障维修过程,培养学生工匠精神、劳动精神,以及诚信友善的品质
- 通过小组讨论排除故障方案的可行性分析,培养学生的团队合作精神,使学生树立良好的成本意识和质量意识

思政案例:操作数控车床穿着不规范安全事故的启示——工作中要严格准遵守操作规范、有安全意识,提升责任心和业务技能

课前自学

操作数控机床穿着不规范安全事故的启示

搜一搜 在数控机床操作过程中我们都应该遵守哪些规范操作，能避免安全事故的发生？

一、数控机床回参介绍

"参考点"是为了建立机床坐标系，而在数控机床上专门设置的基准点，即把机械移动到机床的固定点（参考点、原点），使机床位置与数控系统的机械坐标位置重合的操作。在任何情况下，通过进行"回参考点"运动，都可以使机床各坐标轴运动到参考点并定位，系统自动以参考点为基准建立机床坐标原点。如果数控机床采用的是绝对式编码器来记忆参考点的位置，在数控系统电源切断后也仍能用电池工作，则开机后不需要进行回参操作，机床加工时也不会有误操作，只要装机调试时设定好参考点，就不会丢失机械位置，即开机后可以不进行回零操作。如果采用的是增量式检测装置，由于CNC电源切断时机械位置丢失，因此，开机电源接通后必须进行回零操作。

1. 回参考点过程

回参考点的目的是建立机床坐标系，从而确立工件坐标系，然后才能进行工件加工。所以绝大多数数控机床开机后，首件工作是手动回参考点。数控机床因控制系统不同，回参考点的方法也有所不同，但回参考点的基本原理却基本相同，大多数采用栅格法。栅格方式设定参考点是通过基本位置检测器的一转信号的栅格来确定参考点的一种方式。栅格是基于一转信号建立在CNC内部的等间距的电气信号，其间距设定为检测器一转对应的机床移动距离。常用检测器有编码器和光栅尺。回参考点过程一般由如下三个阶段组成，如图1-3-1所示。

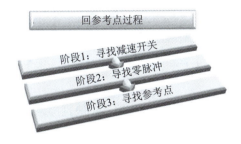

图1-3-1 回参考点过程

（1）阶段一：寻找减速开关

在回参方式REF下，按"轴移动"键，轴快速移动寻找减速挡块（减速开关）；碰到减速挡块（减速开关）后，PLC向数控系统发出减速信号，数控系统按预定方向减速运动。

（2）阶段二：寻找零脉冲

当减速开关离开减速挡块或第二次碰到减速挡块时，测量系统开始搜索编码器的第一个零脉冲信号（一转信号）。

（3）阶段三：寻找参考点

当找到第一个零脉冲信号后，机床坐标轴又以定位速度向前或向后移动参考点偏移量（参数设置），所到达的点称为栅格点，也就是该轴的参考点。

2. 回参考点相关硬件配置

从回参考点过程可以看出，数控系统发出参考点指令后，回参过程涉及以下几种基本元件，回参考点相关硬件连接如图1-3-2所示。本机床回参考点实际硬件配置如图1-3-3所示。

①机械部分：减速挡块、固定挡块的螺钉等。

②检测位置的元件：如闭环中采用的光栅元件，半闭环中采用的脉冲编码器等。

③通信元件：减速开关（一般为压力行程开关）和信号线等。

④驱动元件：驱动器和电动机（如伺服电动机、步进电动机）等。

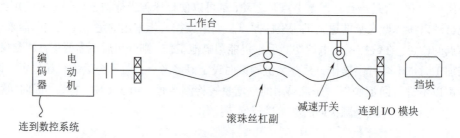

图1-3-2　回参考点相关硬件连接

图1-3-3　机床回参考点实际硬件配置

3. 光电脉冲编码器

光电脉冲编码器是一种旋转式脉冲发生器，一般直接装在电动机的旋转轴上，能把机械角转变成电脉冲，属于位置检测装置，通过变换电路也可用于速度检测。它的型号是由每转发出的脉冲数来区分的，数控机床上常用的脉冲编码有2 000 P/r（脉冲/转）、2 500 P/r（脉冲/转）、3 000 P/r（脉冲/转）等；增量式编码器是直接利用光电转换原理输出3组方波脉冲A、B和Z（R）相；A、B两组脉冲相位差90°，从而可方便地判断出旋转方向，同时还有用作参考零位的Z相标志（指示）脉冲信号，码盘每旋转一周，只发出一个标志信号。标志脉冲通常用来指示机械位置或对积累量清零，Z相在每转一个脉冲时用于基准点定位。

光电脉冲编码器的组成和工作原理如图1-3-4所示。增量式光电编码器主要由光源、码盘、检测光栅、光电检测器件和转换电路组成。码盘上刻有节距相等的辐射状透光缝隙，相邻两个透光缝隙之间代表一个增量周期；检测光栅上刻有 A、B 两组与码盘相对应的透光缝隙，用以通过或阻挡光源和光电检测器件之间的光线。它们的节距和码盘上的节距相等，并且两组透光缝隙错开 1/4 节距，使得光电检测器件输出的信号在相位上相差 90° 电度角。当码盘随着被测转轴转动时，检测光栅不动，光线透过码盘和检测光栅上的透过缝隙照射到光电检测器件上，光电检测器件就输出两组相位相差 90° 电度角的近似于正弦波的电信号，电信号经过转换电路的信号处理，可以得到被测轴的转角或速度信息。即脉冲发生器中码盘内圈的一条刻线与光栅上条纹 Z 重合时输出 Z 相脉冲即为零位脉冲，又称为一转脉冲，增量式光电编码器输出信号波形如图 1-3-5 所示。

增量式光电编码器的优点是：原理构造简单、易于实现；机械平均寿命长，可达到几万小时以上；分辨率高；抗干扰能力较强，信号传输距离较长，可靠性较高。其缺点是它无法直接读出转动轴的绝对位置信息。

图 1-3-4　光电脉冲编码器的组成和工作原理　　　图 1-3-5　增量式光电编码器输出信号波形

4. 行程开关

行程开关又称限位开关或终点开关，如图 1-3-6 所示，是用以反映工作机械的行程，发出命令以控制其运动方向、行程大小以及实现其位置保护的主令电器。行程开关的作用原理与按钮相同，通常行程开关被用来限制机械运动的位置或行程，使运动机械按一定的位置或行程实现自动停止、反向运动、变速运动或自动往返运动等。

从结构上来看，行程开关可分为三个部分，即触头系统、操作机构和外壳。操作机构是开关的感测部分，用于接受生产机械发出的动作信号，并将此信号传递给触头系统。触头系统是行程开关的执行部分，它将操作机构传来的机械信号转变为电信号，输出到有关控制电路，实现其相应的电气控制。常见的行程开关有按钮式（直动式）、微动式和旋转式（滚轮式）。

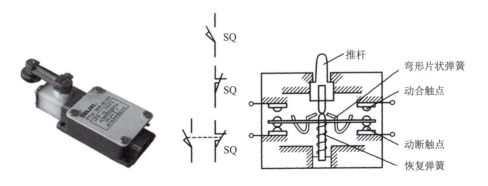

图 1-3-6　行程开关

5. 回参考点方式

回参考点方式因数控系统类型和机床生产厂家而异，采用增量式检测装置的数控机床一般有以下 4 种回参考点方式。

（1）回参方式一（见图 1-3-7）

①手动方式快速将轴移到参考点附近；

②执行回参考点操作，坐标轴沿参考点方向移动，碰到减速开关后，数控系统即开始寻找零脉冲信号；

③系统收到零脉冲信号，再移动一个偏移量停止，CNC 发出回参考点完成信号。

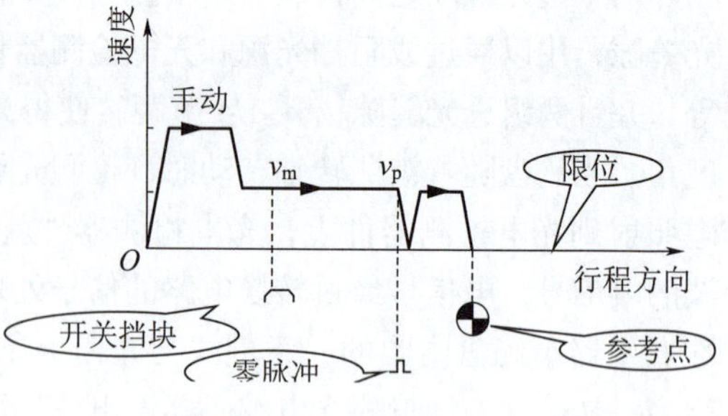

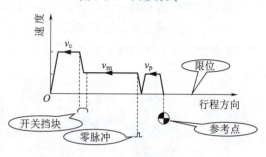

图 1-3-7　回参方式一

（2）回参方式二（见图 1-3-8）

①执行回参考点操作后，坐标轴快速沿参考点方向移动；

②挡块压上减速开关后，速度减小到 v_m 并继续前移；

③脱开挡块后，开始寻找零脉冲信号。系统收到零脉冲信号后，再移动一个偏移量停止，CNC 发出回参考点完成信号。

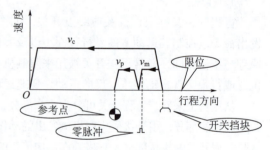

图 1-3-8　回参方式二

（3）回参方式三（见图 1-3-9）

①选择"回参考点"操作方式，并按下"对应轴运动方向"键后，机床以机床参数设定的"寻找减速开关速度 v_c"与"回参点方向"向参考点快速移动；

②碰到减速挡块后，坐标轴停止，然后以"寻找零脉冲速度 v_m"反向脱离减速挡块，并寻找零脉冲信号；

③当数控系统收到零脉冲信号时，发出与零脉冲相对应的栅格信号，坐标轴以"参考点定位速度 v_p"运动，到坐标轴回参考点而停止。

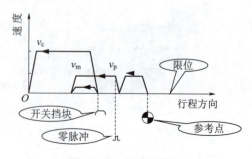

图 1-3-9　回参方式三

（4）回参方式四（见图 1-3-10）

①选择"回参考点"操作方式，并按下"对应轴运动方向"键后，机床以机床参数设定的"寻找减速开关速度 v_c"与"回参考点方向"向参考点快速移动；

②碰到减速挡块后，坐标轴停止，然后反向退出减速挡块并停止，再以"寻找零脉冲速度 v_m"同向慢速向参考点移动；

③再次撞上减速挡块后，系统开始搜寻零脉冲信号，到达零脉冲信号后，坐标轴以"参考点定位速度 v_p"运行一段距离（参考点偏移量），系统发出"回参考点到达（R_k）信号"，回参考点运动结束。

图 1-3-10　回参方式四

6. 设置机床参考点

FANUC 0i MATE 系统无挡块回零点的设定步骤如图 1-3-11 所示：

①分别把 x 轴，y、z 轴放大器上的电池重新安装上。把参数 1815#5 设为 1，参数 1815#4，设为 0，无挡块回零点方式有效。

②断电重新启动 CNC 系统。

③在手摇方式下分别把 x 轴，y 轴，z 轴摇到要设定为零点的地方（确保电机旋转一周），再把参数 1815#4 设为 1，建立机床参考点。

④把机床下电，再重新上电。

⑤ 1005#1 设为 1，采用无挡块回零。

⑥在手摇方式下分别把 x 轴、y 轴和 z 轴摇回一百多毫米。

⑦再把方式选择放到回零方式，分别进行手动回零操作。回零完成后，相应轴的回零指示灯会亮。（手动回零操作完后，x 轴、y 轴和 z 轴的回零灯会亮。表示零点位置设定完毕。然后设定软限位的值：参数 1320 号和参数 1321 号。在加工前需要重新进行对刀。）

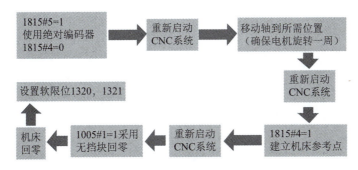

图 1-3-11　无挡块回零点的设定步骤

二、数控机床的硬限位与软限位

为了保障机床的运行安全，机床的直线轴通常设置有软限位（参数设定限位）和硬限位（行程开关限位）两道保护"防线"。合理设置的软限位一般应该在机床硬限位之前，即软限位先起作用，硬限位是在其之后的第二道限位保护。在数控机床上，在各轴进给轴上一般需要安装 3 个限位开关，分别作为正向硬限位、参考点减速和负向硬限位。3 个限位开关并行排列，其信号线一般由同一电缆引入，通过线缆连接到 PLC 输入端口。限位开关动合、动断触点安排情况如图 1-3-12 所示。

1. 硬限位

在伺服轴的正、负极限位置，装有限位行程开关或接近开关，这就是所谓的硬限位。利用挡块和限位开关的碰撞，从而改变限位开关触点状态，通过 PLC 和数控系统使工作台停止在机床极限位置的一种保护措施。硬限位是伺服轴运动超程的最后一道防护，越过硬限位后的很短距离就到达机械行程两端尽头或称为机械硬限位。机床运动一旦撞上机械硬限位，就有可能造成机件的损坏，这是不允许的。如直线进给轴都有滚珠丝杠螺母副，当丝杠副运动到极限位置时，即螺母运动到丝杠的端部，由于伺服驱动电机的继续运转，可能会引起驱动模块发热，出现过载报警或丝杠锁住、损坏等机械故障。在 FUNAC 系统中，硬限位超程保护是由行程开关和运行保护的 PMC 控制的，并要求编写在一级程序中进行

```
              COM   NO   常开
              COM   NC   常闭
    +M
              ┌─────────────────────────────────────┐
              │                          NC ── 201  │
   -SQX-1  x轴正极限    100 ── COM        NO ── ×00  │
   -SQX-2  x轴参考点    100 ── COM        NO ── ×04  │
   -SQX-3  x轴负板限                      NC ── 202  │
                       201 ── COM        NO ── ×01  │
              └─────────────────────────────────────┘
```

图 1-3-12　限位开关动合、动断触点安排情况

控制。有些厂家也会把硬限位开关接入急停回路中，提供更快的制动响应。硬限位超程分为正向硬超程和负向硬超程。另外为了避免加工时频繁压下"参考点减速"开关，一般使参考点减速挡块与同方向硬超程减速挡块相隔较近，硬限位挡块与参考点挡块的布置如图 1-3-13 所示。

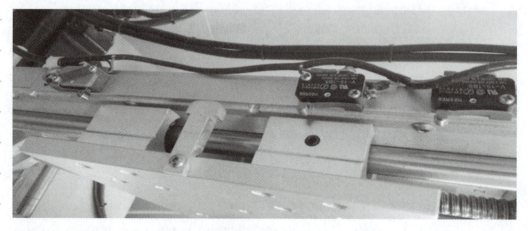

图 1-3-13　硬限位挡块与参考点挡块的布置

（1）系统专用信号地址

系统提供特定地址信号，在 FUNUC 系统中，提供了专门的 G 地址信号来实现硬超程保护。专用信号地址方便进行超程保护。

① 专用信号地址。涉及硬件超程保护的 G 地址信号有 G114、G116，这两个信号地址的格式见表 1-3-1。

表 1-3-1　G 地址信号

地址		#7	#6	#5	#4	#3	#2	#1	#0
地址	G114				*+L5	*+L4	*+L3	*+L2	*+L1
地址	G116				*-L5	*-L4	*-L3	*-L2	*-L1

该信号为 0 时，报警 OT0506、OT0507（超程报警）指示灯亮。

自动运行中，当任意一轴发生超程报警时，所有进给轴都将减速停止。

手动运行中，仅对于报警轴的报警方向不能进行移动，但是可以向相反的方向移动。

自动操作时,即使只有一个信号变为 0 时,即当任意一个轴发生超程报警时,所有其他的进给轴都将减速停止,产生报警且运动中断。

②相关参数设定。为使各进给轴超程信号有效,需设置参数 3004#5,如图 1-3-14 所示为设置参数 3004 界面,该参数见表 1-3-2。当 3004#5 号参数设置为 0 时,表示使用硬件超程信号,系统进行超程检测,设置为 1 时,表示所有轴都不使用硬件超程信号,即不检测超程信号,所有轴的超程信号都将变为无效。通常情况下,为了保证数控机床的安全,都会将它设置为 0。

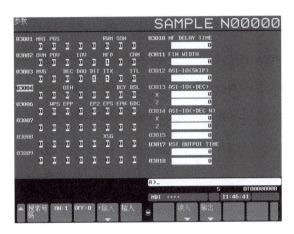

图 1-3-14　设置参数 3004 界面

表 1-3-2　硬限位控制参数

		#7	#6	#5	#4	#3	#2	#1	#0
参数	3004			OTH					

注(OTH):0:使用硬件超程信号;1:所有轴都不使用硬件超程信号。

如果机床不使用硬超程信号,所有轴信号变为无效,即设置参数 3004#5=1 则不进行超程检查任务,可以设置软限位作为机床保护,在回转轴等部分特殊轴上,不使用超程信号。

(2)硬限位调整步骤

在完成相关参数设置和 PMC 编程后,可按以下步骤进行硬限位调整。

①先将机床回零。

②修改软限位参数,把其设为不起作用的最大值(999999)或最小值(-999999),如果参数 1320 的设定值小于参数 1321 的设定值时,行程无限大;使软限位不起作用,机床能够移动到硬限位位置。

③调整也可以先屏蔽硬限位,通过修改参数 3004#5 设置成 1,所有轴都不使用硬件超程信号,或者硬件上处理,例如拆除硬超程的输入点等,避免调整过程中硬限位报警出现后不能继续移动轴。

④将需限位轴用手摇或 JOG 方式运动到各轴限位位置附近,先以低速碰撞机械限位,观察伺服运行电流判断,然后回退一定距离调整硬限位挡块,轻敲硬限位行程挡块位置保证压住行程开关,调整挡块位置同时也要考虑加工行程,留出软限位余量。

⑤修改参数 3004#5 设置成 0,使硬限位生效,检查机床是否产生硬限位报警。

⑥解除硬限位报警,之后再移回坐标轴使限位报警再次出现,观察所限位置是否合适,

如果不合适须重新调整。

⑦如果采用的为挡块式回零，确认减速挡块和正限位挡块位置是否干涉。

2. 软限位

考虑到行程开关都有一定的寿命且机床工作环境也会对其可靠性有影响，为了更好地保护机床顺利加工，一般在硬限位的前面再加一道保护环节，即软限位。正负软限位之间为该轴加工行程区。硬限位是靠行程挡块和限位开关实现保护的，而软限位则是利用机床参数的设定确定直线轴的极限位置，各个数控系统提供的软限位参数是不相同的，可以通过查阅参数说明书来确定。一般而言，软限位位置应该处在硬限位位置之前，而且只有在回参考点完成以后才起作用。硬限位、软限位与参考点的位置关系如图1-3-15所示。软限位正、负向参数的设定如图1-3-16所示，需要设定1320（正向）和1321（负向）。

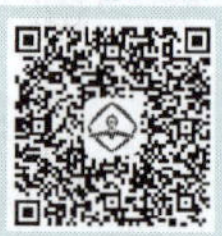

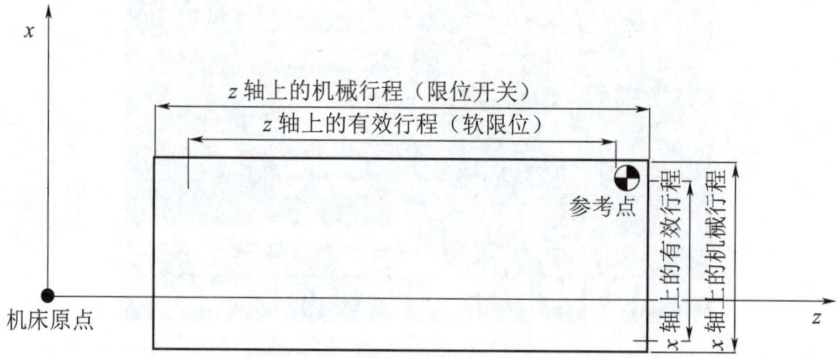

图1-3-15 硬限位、软限位和参考点的位置关系

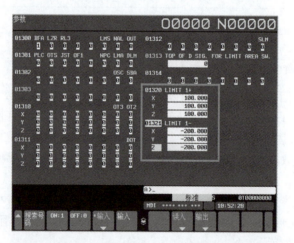

图1-3-16 软限位正、负向参数的设定

（1）软限位调整注意事项

数控机床伺服轴的软限位是以机床参考点为基准，回参考点后才能建立机械坐标系。设置调整方法是回零后手动JOG移动轴，记录软限位机械坐标值。设置1320和1321软限位参数。机床限位保护时往往是软限位先起作用，一般在调整限位时会把软、硬限位一起调整，先调整好硬限位后再设定好软限位。设置时应该离硬限位一段距离，留有一定的机械余量。

（2）软限位调整方法

因为软硬限位一般一起调整，软限位点在硬限位之前，所以调整可以参考以下详细步骤：

①先将机床回零（如果采用绝对编码器带电池的数控机床可以不用回零）；

②将机床软限位值改为不受限位作用的最大值如 999999 或最小值如 -999999；

③将需限位轴用 JOG 或手摇方式运动到各轴限位位置，使机床产生硬限位报警，为了使软限位能在硬限位之前保护，设定值不能超过正、负硬限位，一般将记录的硬限位机床坐标值减去或加上 5～10 mm，设定至参数 1320 和 1321 中；

④JOG 移动到软限位轴软超程点处，检测超程报警是否发生，以验证软限位设置是否正确。

三、数控机床超程报警

对于软限位和硬限位，数控机床由软超程报警和硬超程报警，一般当出现超程时，会在系统屏幕上出现相应的报警信息。

硬超程表示行程开关碰到了超程位置的行程挡块。解除超程故障，一般比较简单，像 FANUC 系统提供了专门的"超程解除"键。SIEMENS 系统稍有区别，需在点动工作方式下，按住"复位"键，再按超程的"反方向进给"键，使铣床的工作台或车床的刀架向超程的反方向移动，再次按下"复位"键即可消除报警。

软超程是指进给轴实际位置超出了机床参数设定的进给轴极限位置。若工作台发生软超程时，通过反向移动工作台即可复位。为了扩大机床的工作行程，则需修改对应参数。扩大机床工作行程步骤如下：

①反向移动工作台；

②进入软限位参数查阅界面；

③把软限位数值绝对值增大；

④按下复位键。

任务分析

数控机床回参动作流程图如图 1-3-17 所示。由图可以看到，任何一个环节出现问题都不能实现正确回参考点，如按键输入无效、驱动器故障、减速信号有问题和找不到零脉冲等。

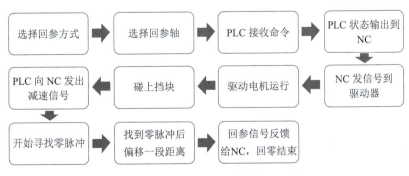

图 1-3-17　数控机床回参动作流程图

如果机床回参考点时发生了超程报警，可以排除按键输入无效及驱动器故障等。其可能的主要原因有：

①返回参考点时，机床运动部件距离参考点太近。如果未将工作台移除参考点减速区域之外，就开始回参考点操作，则系统将无法正常获取减速开关信号，从而导致机床的超

程报警。对于此种原因造成的超程报警,只需要解除报警后,手动移动工作台离开参考点减速区后,重新回参考点,机床恢复正常。

②参考点限位开关信号不正常。由于限位开关太脏或信号线脱落等原因造成参考点限位开关信号不正常,会导致机床回参考点时,无法接收到减速信号,从而发生超程报警故障。利用机床 PLC 端口监测进行诊断。

③无零标志脉冲信号。由于伺服电动机编码器故障,无零脉冲信号输出,导致回参考点时超程报警。利用示波器检测零标志脉冲信号进行确认或利用交换法直接判断是否伺服电动机不良(对于使用者来说,编码器与伺服电动机一般作为一个整体)。

④零脉冲通道有问题。即使编码器发出了零脉冲,但通道出了问题,CNC 仍然接收不到零脉冲信号,回参考点时也会出现超程报警信号。用部件交换法进行诊断。

⑤软限位参数数值设置太小。如果在设置软限位参数时,数值输入的太小,也会出现超程报警。

⑥硬限位位置与参考点相隔太近。由于惯性的原因,如果硬限位位置与参考点相隔太近,也有可能发生超程报警。此种原因比较少见,且只发生在新机床或经过大修后的机床上。

任务实施

以"回零超程报警故障维修"任务为例,按照"检查—计划—诊断—维修—试机"五步故障维修工作法排除故障。

1. 检查

通过询问操作人员和查看维修记录,发现本机床 x 轴伺服驱动器出现过电量不足报警,安装新电池后进行了参考点回零设置。

2. 计划

根据对数控机床现场检查情况,进行团队会议,进行讨论分析,并填写工作单中的计划单、决策单和实施单。看是否在进行参考点回零设置时,把 x 轴正向的软限位 1320 的值设置过小?

3. 诊断

根据诊断思路,进行现场诊断,步骤如下:

①把数控系统上电,进入 SYSTEM 界面,并搜索参数 1320;

②发现 x 轴正向设置太小,可能距离减速开关太近,x 轴正向软限位参数设置界面如图 1-3-18 所示。

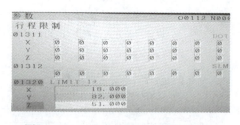

图 1-3-18　x 正向软限位参数设置界面

4. 维修

①首先在参数 1320 界面,把 x 轴软限位值设为 2 000;

②选择手轮方式,移动 x 轴,向正向移动,直到碰到正向行程开关,出现硬限位报警,然后向相反的方向移动 5 mm 左右,同时查看坐标值;

③在参数 1320 界面,把 x 轴正向软限位值输入查看到的新坐标值。

5. 试机

重新上电,进行回参考点操作,没有出现报警,故障排除。

回零故障维修工作单

计 划 单

学习情境 1	机床启动及回零故障维修		任务 1.3	回零故障维修工作单
工作方式	组内讨论、团结协作共同制订计划：小组成员进行工作讨论，确定工作步骤		计划学时	0.5 学时
完成人	1.　　2.　　3.　　4.　　5.　　6.　　…			
计划依据：①数控机床电气原理图；②教师分配的不同机床的故障现象				

序号	计划步骤	具体工作内容描述
1	准备工作（准备工具、材料，谁去做）	
2	组织分工（成立小组，人员具体都完成什么）	
3	现场记录（都记录什么内容）	
4	排除具体故障（怎么排除，排除故障前要做哪些准备）	
5	机床运行检查工作（谁去检查，都检查什么）	
6	整理资料（谁负责，整理什么）	
制订计划说明	（写出制订计划中人员为完成任务的主要建议或可以借鉴的建议，以及排除故障的具体实施步骤）	

●●●● 决 策 单 ●●●●

学习情境 1	机床启动及回零故障维修		工作任务 1.3		回零故障维修工作单
决策学时			0.5 学时		
方案对比	小组成员	方案的可行性（维修质量）	排除故障合理性(加工时间)	方案的经济性（加工成本）	综合评价
	1				
	2				
	3				
	4				
	5				
	6				
	⋮				
决策评价	（排除回零故障最佳方案是什么？最差方案是什么？描述清楚，做出最佳综合评价选择）				

● ● ● ● 实 施 单 ● ● ● ●

学习情境 1	机床启动及回零故障维修	工作任务 1.3	回零故障维修工作单
实施方式	小组成员合作共同研讨确定实践的实施步骤	实施学时	1 学时

序号	实施步骤		使用资源
1			
2			
3			
4			
5			
6			
⋮			

实施说明：

实施评语：

班级		组员签字		
教师签字		第　　组	组长签字	日期

检 查 单

学习情境1	机床启动及回零故障维修		任务1.3		回零故障维修工作单	
检查学时	课内0.5学时			第 组		
检查目的及方式	实施过程中教师监控小组的工作情况,如检查等级为不合格,小组需要整改,并拿出整改说明					
序号	检查项目	检查标准	检查结果分级 (在检查相应的分级框内划"√")			
			优秀	良好	中等	合格	不合格
1	准备工作	资源已查到情况、材料准备完整性					
2	分工情况	安排合理、全面,分工明确方面					
3	工作态度	小组工作积极主动、全员参与方面					
4	纪律出勤	按时完成负责的工作内容、遵守工作纪律方面					
5	团队合作	相互协作、互相帮助、成员听从指挥方面					
6	创新意识	任务完成不照搬照抄,看问题具有独到见解和创新思维					
7	完成效率	工作单记录完整,按照计划完成任务					
8	完成质量	工作单填写准确,记录单检查及修改达标方面					
检查评语					教师签字:	

任务评价

1. 小组工作评价单

学习情境 1	机床启动及回零故障维修		任务1.3		回零故障维修工作单	
	评价学时			课内 0.5 学时		
班级			第　　组			
考核情境	考核内容及要求	分值（100）	小组自评（10%）	小组互评（20%）	教师评价（70%）	实得分（∑）
汇报展示（20）	演讲资源利用	5				
	演讲表达和非语言技巧应用	5				
	团队成员补充配合程度	5				
	时间与完整性	5				
质量评价（40）	工作完整性	10				
	工作质量	5				
	故障维修完整性	25				
团队情感（25）	核心价值观	5				
	创新性	5				
	参与率	5				
	合作性	5				
	劳动态度	5				
安全文明（10）	工作过程中的安全保障情况	5				
	工具正确使用和保养、放置规范	5				
工作效率（5）	能够在要求的时间内完成，每超时 5 min 扣 1 分	5				

2. 小组成员素质评价单

学习情境 1	机床启动及回零故障维修		任务 1.3		回零故障维修工作单	
班级		第　　组		成员姓名		
评分说明	每个小组成员评价分为自评和小组其他成员评价两部分，取平均值计算，作为该小组成员的任务评价个人分数。评价项目共设计 5 个，依据评分标准给予合理量化打分。小组成员自评分后，要找小组其他成员以不记名方式打分					
评分项目	评分标准	自评分	成员1评分	成员2评分	成员3评分	成员4评分	成员5评分
核心价值观（20分）	社会主义核心价值观的思想及行动方面						
工作态度（20分）	按时完成负责的工作内容，遵守纪律，积极主动参与小组工作，全过程参与，具有吃苦耐劳的工匠精神						
交流沟通（20分）	能良好地表达自己的观点，能倾听他人的观点						
团队合作（20分）	与小组成员合作完成任务，做到相互协作、互相帮助、听从指挥						
创新意识（20分）	看问题能独立思考，提出独到见解，能够运用创新思维解决遇到的问题						
最终小组成员得分							

课后反思

学习情境 1	机床启动及回零故障维修	任务 1.2	回零故障维修工作单
班级		第　　组	成员姓名

情感反思	通过对本任务的学习和实训，你认为自己在社会主义核心价值观、职业素养、学习和工作态度等方面有哪些需要提高的地方
知识反思	通过对本任务的学习，你掌握了哪些知识点？请画出思维导图
技能反思	在完成本任务的学习和实训过程中，你主要掌握了哪些排故技能
方法反思	在完成本任务的学习和实训过程中，你主要掌握了哪些分析和解决问题的方法

思考与练习

一、单选题（只有1个正确答案）

1. （　）是为了建立机床坐标系，而在数控机床上专门设置的基准点。
   A. 参考点　　B. 原点　　C. 加工点　　D. 编程原点

2. （　）是一种旋转式脉冲发生器，一般直接装在电动机的旋转轴上，能把机械角转变成电脉冲，可用于速度检测。
   A. 光电脉冲编码器　　　　B. 光栅尺
   C. 磁感应器　　　　　　　D. 旋转变压器

3. 职业道德的实质内容是（　）。
   A. 改善个人生活　　　　　B. 增加社会的财富
   C. 树立全新的社会主义劳动态度　　D. 增强竞争意识

4. （　）被用来限制机械运动的位置或行程，使运动机械按一定的位置或行程实现自动停止、反向运动、变速运动或自动往返运动等。
   A. 行程开关　　B. 断路器　　C. 按钮　　D. 接触器

二、多选题（有至少2个正确答案）

1. 数控机床回参考点过程一般由以下（　）三个阶段组成。
   A. 寻找减速开关　　　　　B. 寻找零脉冲
   C. 寻找参考点　　　　　　D. 寻找加工原点

2. 扩大机床工作行程步骤包括（　）。
   A. 反向移动工作台　　　　B. 进入软限位参数查阅界面
   C. 把软限位数值绝对值增大　　D. 按下复位键

3. 数控机床伺服轴的软限位是以机床参考点为基准，回参考点后才能建立机械坐标系，通常设置的软限位参数为（　）。
   A. 1 320　　B. 1 321　　C. 1 818　　D. 1 005

三、简答题

1. 简述回参考点过程？
2. 简述光电脉冲编码器的工作原理？
3. 回参考点方式有几种，每种方式的工作过程？
4. 怎么设置机床参考点？
5. 机床为什么会出现超程报警？
6. 软限位和硬限位有什么区别？
7. 简述数控机床回参考点动作流程？

学习情境 2

主轴及进给轴故障维修

【情境导入】

某数控企业加工生产车间维修部接到一项数控机床维修任务，一台数控加工中心能正常启机，但是不能正常加工产品，主轴及进给轴出现了故障。数控机床在数控系统正常上电和回零（增量控制系统）操作后，下一步必须启动主轴，然后进行进给运动。在此过程中"主轴故障"、和"进给轴故障"是较为典型的故障现象，维修人员需要根据不同的故障现象，按照"检查—计划—诊断—维修—试机"五步故障维修工作法排除故障。

【学习目标】

知识目标

①描述数控加工中心和普通数控铣床的区别；
②列举数控机床主轴及进给轴常见的故障现象；
③阐述数控机床主轴控制原理和伺服驱动系统的工作原理；
④创构出数控机床主轴及进给轴故障的排除思路。

能力目标

①根据故障现象，查阅维修手册，制定主轴和进给轴故障维修方案；
②根据工艺图纸，正确安装加工中心主轴部件；
③根据给定参考资料，设置伺服系统参数；
④根据电气原理图和机械安装图排除数控机床主轴及进给轴故障。

素质目标

①树立安全意识、成本意识、质量意识、创新意识，培养勇于担当、团队合作的职业素养；
②初步培养精益求精的工匠精神、劳动精神、劳模精神，在数控机床装调维修工作岗位做到"严谨认真、精准维修、吃苦耐劳、诚实守信"。

【工作任务】

任务 2.1　主轴故障维修　　　参考学时：课内 8 学时（课外 4 学时）
任务 2.2　进给轴故障维修　　参考学时：课内 8 学时（课外 4 学时）

任务 2.1 主轴故障维修

任务工单

学习情境 2	主轴及进给轴故障维修	任务 2.1	主轴故障维修
任务学时		4 学时（课外 4 学时）	
布置任务			
工作目标	①能描述主轴变频器工作原理； ②能构建出主轴故障排除思路； ③能根据工艺图纸，正确安装加工中心主轴部件； ④能阐述数控机床主轴控制原理； ⑤能分析主轴电气原理图，排除数控机床主轴电气部分常见故障； ⑥能在完成任务过程中培养安全意识，锻炼职业素养，养成诚实守信的品质，树立团队意识，工匠精神，培养爱岗敬业精神和爱国情怀		
任务描述	某企业数控车间内一台配 FANUC 0i Mate 数控系统数控车床，采用变频调速主轴，机床可正常上电，进入数控系统后，操作主轴，主轴正转正常，反转不动，如图所示。请根据故障现象，按照"检查—计划—诊断—维修—试机"五步故障维修工作法排除故障  主轴不能反转故障现象		

学时安排	资讯	计划	决策	实施	检查	评价
	1 学时	0.5 学时	0.5 学时	1 学时	0.5 学时	0.5 学时

对学生学习及成果的要求	①学生具备数控机床电气原理图识读能力； ②严格遵守实训基地各项管理规章制度； ③严格遵守课堂纪律，学习态度认真、端正，能够正确评价自己和同学在本任务中的素质表现； ④每位同学必须积极参与小组工作，承担排故检查的相应劳动工作，做到能够积极主动不推诿，能够与小组成员合作完成工作任务； ⑤每位同学均须独立或在小组同学的帮助下完成排故过程中技能训练工作单的填写，并提请检查、签认，对发现的错误务必及时修改； ⑥每组必须完成排故任务并填写全部故障维修工作单，然后提请教师进行小组评价，小组成员分享小组评价分数或等级； ⑦每名同学均完成任务反思，以小组为单位提交

学习情境 2　主轴及进给轴故障维修

学习导图

任务 2.1　主轴故障维修

- **知识点**
  - 主轴系的分类及特点
  - 主轴的结构与要求
  - 主轴的装配
  - 主轴抓松刀装置的工作原理
  - 通用变频主轴驱动装置
  - FANUC串行数字控制的主轴驱动装置的连接
  - 数控机床主轴转向系统测量

- **技能点**
  - 调试主轴变频器
  - 安装加工中心主轴部件
  - 阐述数控机床主轴控制原理
  - 根据故障现象和电气原理图，排除数控机床主轴电气部分常见故障

- **素质融入点**
  - 通过调试主轴变频器和安装加工中心主轴部件，培养学生的严谨态度和安全意识
  - 通过主轴故障维修过程，培养学生工匠精神、劳动精神，以及诚信友善的品质
  - 通过小组讨论排除故障方案的可行性分析，培养学生的团队合作精神，使学生树立良好的成本意识和质量意识

思政案例： 中国第一台数控机床试制成功体现了爱国、敬业、奉献、创新和顽强拼搏的精神。

中国第一台数控机床试制成功

1958年，北京第一机床厂与清华大学合作，试制出中国第一台数控机床——X53K1三坐标数控机床，填补了中国在数控机床领域的空白。历时9个月时间研制成功数控系统，实现了三个坐标联动。数控机床的研制成功，为中国机械工业开始高度自动化奠定了基础。当时，在世界上只有少数几个工业发达的国家试制成功数控机床。试制这样一台机床，美国用了4年时间，英国用了两年半，日本正在大踏步前进。当时"数控"这种尖端技术对中国是绝对封锁的。这台机床的数控系统，当时在中国是第一次研制，没有可供参考的样机和较完整的技术资料。参加研制的全体工作人员，包括教授、工程技术人员、工人、学生等，平均年龄只有24岁。他们只凭着一页"仅供参考"的资料卡和一张示意图，攻下一道又一道难关。这台数控机床的研制成功，为中国机械工业开始高度自动化奠定了基础。据当时参与其中的研究员回忆道，这段时间里，师生们经常加班到半夜，吃、睡在实验室，身体极度疲劳。如今，我国数控机床的发展越来越快，各项核心技术陆续获得突破性发展。然而，我们永远不能忘记，在1958年的夏天，那群为了第一台数控机床的研发而废寝忘食的前辈们，他们的精神和态度，将永远支撑着我国数控机床行业的发展。

一、主轴系统的分类及特点

数控机床的主轴驱动系统也就是主传动系统，是机床的主要运动部件，可以将主轴电动机的动力变成刀具切削加工所需要的切削转矩和切削速度。它的性能直接决定了加工工件的表面质量，它结构复杂，机、电、气联动，故障率较高，它的可靠性将直接影响数控机床的安全和生产效率。因此在数控机床的维修和维护中，主轴驱动系统显得很重要。

数控机床的主传动系统一般需要采用无级变速的电气变速装置，如交流主轴驱动器、变频器等，因此其机械结构反而比普通机床简单，传动轮、轴类零件、轴承等的数量大为减少，有时还采用主轴电动机直接连接主轴的结构。目前，无级变速系统根据控制方式的不同主要有变频主轴系统和伺服主轴系统两种，一般采用直流或交流主轴电动机，一种是主轴电动机和主轴通过传动带连接，如图2-1-1所示，此种连接方式常用于低转速/小转矩的主轴。一种是主轴电动机和主轴箱通过联轴器直接连接，如图2-1-2所示，此种连接方式常用于高转速（10 000 r/min以上）小转矩的主轴。一种是主轴电动机和主轴通过齿轮连接，如图2-1-3所示，此种连接方式常用于同时满足机床高速和重切削的要求。另外根据主轴速度控制信号的不同可分为模拟量控制的主轴驱动装置和串行数字控制的主轴驱动装置两类。模拟量控制的主轴驱动装置采用变频器实现主轴电动机控制，有通用变频器控制通用电机和专用变频器控制专用电机两种形式。目前大部分的经济型机床均采用数控系统模拟量输出＋变频器＋感应（异步）电动机的形式，性价比很高，这时也可以将模拟主轴称为变频主轴。串行主轴驱动装置一般由各数控公司自行研制并生产，如西门子公司的611系列，FANYUC公司的α系列等。

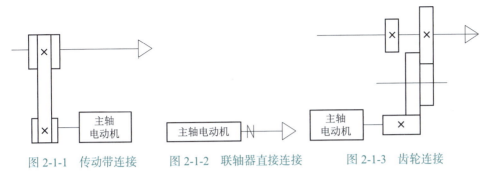

图 2-1-1　传动带连接　　图 2-1-2　联轴器直接连接　　图 2-1-3　齿轮连接

1. 普通鼠笼型异步电动机配齿轮变速箱

这是最经济的一种主轴配置方式，但只能实现有级调速，其电机始终工作在额定转速下，经齿轮减速后，在主轴低速下输出力矩大，重切削能力强，非常适合粗加工和半精加工。如果加工产品比较单一，对主轴转速没有太高的要求，配置在数控机床上也能起到很好的效果；它的缺点是噪声比较大，由于电机工作在工频下，主轴转速范围不大，所以不适合用于有色金属和需要频繁更换主轴速度的加工场合。

2. 普通鼠笼型异步电动机配简易型变频器

这种方式可以实现主轴的无极调速，主轴电机只有工作在 500 r/min 以上才能有比较满意的力矩输出；否则，特别是车床很容易出现堵转的情况，一般会采用两档齿轮或皮带变速，但主轴仍然只能工作在中、高速范围。另外，因为受到普通电机最高转速的限制，主轴的转速范围受到较大的限制。这种方案适用于需要无极调速但对低速和高速都不要求的场合，例如数控钻铣床。国内生产的简易型变频器较多。

3. 普通鼠笼型异步电机配通用变频器

目前进口的通用变频器，除了具有 U/f 曲线调节外，一般还具有无反馈矢量控制功能，会对电机的低速特性有所改善，配合两级齿轮变速，基本上可以满足车床低速（100~200 r/min）小加工余量的加工，但同样受最高电机速度的限制。这是目前经济型数控机床比较常用的主轴驱动系统。

4. 专用变频电机配通用变频器

这种方式一般采用有反馈矢量控制，低速甚至零速时都可以有较大的力矩输出，有些还具有定向甚至分度进给的功能，是非常有竞争力的产品。以先马 YPNC 系列变频电动机为例，电压：三相 200 V、220 V、380 V、400 V 可选；输出功率：1.5~18.5 kW；变频范围 2~200 Hz；（最高转速 1 200 r/min）；30 min 150% 过载能力；支持 U/f 控制、U/f+PG（编码器）控制、无 PG 矢量控制、有 PG 矢量控制。提供通用变频器的厂家国外公司有西门子、三菱、富士、日立和安川等；国内公司有英威腾、新风光、惠丰、利德华福和佳灵等。

中档数控机床主要采用这种方案，主轴传动两挡变速，甚至仅一挡即可实现转速在 100~200 r/min 时车、铣的重力切削。一些有定向功能的还可以应用于要求精镗加工的数控镗铣床，若应用在加工中心上，则不很理想，必须采用其他辅助机构完成定向换刀的功能，而且也不能达到刚性攻丝的要求。

5. 伺服主轴驱动系统

伺服主轴驱动系统具有响应快、速度高、过载能力强的特点，还可以实现定向和进给功能，当然价格也是最高的，通常是功率变频器主轴驱动系统的 2~3 倍。伺服主轴驱动系统主要用于加工中心，用以满足系统自动换刀、刚性攻螺纹、主轴C轴进给功能等对主轴位置控制性能要求很高的加工。

6. 电主轴

电主轴是主轴电机的一种结构形式，驱动器可以是变频器或主轴伺服装置，也可以不要驱动器。电主轴由于电机和主轴合二为一，没有传动机构，因此，大大简化了主轴的结构，并且提高了主轴的精度，但是抗冲击能力较弱，而且功率不能做得太大，一般在10 kW以下。由于结构上的优势，电主轴主要向高速方向发展，一般在10 000 r/min以上。

安装电主轴的机床主要用于精加工和高速加工，例如高速精密加工中心。另外，在雕刻机和有色金属以及非金属材料加工机床上应用较多，这些机床由于只对主轴高转速有要求，因此，往往不用主轴驱动器。就电气控制而言，机床主轴的控制是有别于机床伺服轴的。一般情况下，机床主轴的控制系统为速度控制系统，而机床伺服轴的控制系统为位置控制系统。换句话说，主轴编码器在一般情况下不是用于位置反馈的（也不是用于速度反馈的），而仅作为速度测量元件使用，从主轴编码器上所获取的数据，一般有两个用途：其一是用于主轴速度显示；其二是用于主轴与伺服轴配合运行的场合（如螺纹切削加工、恒线速加工、G95每转进给等）。注意：当机床主轴驱动单元使用了带速度反馈的驱动装置以及标准主轴电机时，主轴可以根据需要工作在伺服状态。此时，主轴编码器作为位置反馈元件使用。

二、主轴的结构与要求

主传动系统是用来实现机床主运动的传动系统，它的转速高、传递的功率大，是数控机床的关键部件之一，对它的精度、刚度、噪声、温升、热变形都有严格的要求。主轴部件具有高精度、高刚性等特点。主轴结构如图2-1-4所示，轴承采用P4级主轴专用轴承，整套主轴在恒温条件下组装完成后，均通过动平衡校正及磨合测试，延长主轴的使用寿命，提高其可靠性。主轴锥孔形式通常采用BT40，锥面的锥度为7:24，拉钉角度为45°（可选配拉钉角度为60°）。

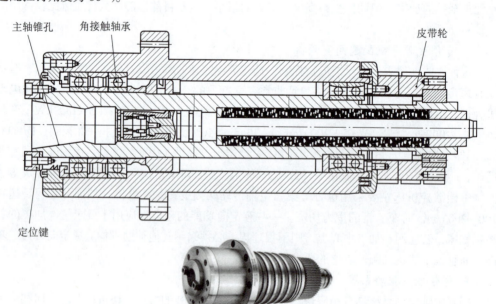

图2-1-4　主轴结构

三、主轴的装配

1. 主轴装配前准备

①主轴组件中的各零件均需要清洗干净,尤其与轴承接触面需用酒精擦拭,并确认无污迹。(辅助材料:酒精、清洗剂)

②检查零件定位表面无疤痕、划伤、锈斑,并重点检查接触台阶面与轴承配合外圆面。

③检查各锐边倒角无毛刺、保证装配时用手触摸光滑顺畅无棱角。(辅助工具及材料:锉刀、砂纸、油石)

④检查紧固螺纹孔的残屑、深度,并用丝锥去除残屑。(辅助工具:丝锥)

⑤清除干净的零件摆放在无灰尘的干净油纸或布上,清洗过且暂时不用的零件需加上防尘盖。(辅助材料:油纸)

⑥零件摆放位置应与工作区域保持 800 mm 以上的距离。

⑦轴承清洗处理。

a. 轴承清洗液用两个容器分别盛装,一个为清洗用、一个为清涮轴承用。

b. 在初洗轴承过程中,不允许相对转动轴承,可在液体中上下左右晃动。

c. 清洗完成后将轴承放在涮洗池中,边刷边转动轴承内外环。

d. 清洗过程中不得将轴承放入池底,洗完必须将轴承离池。

e. 清洗完轴承在离开液池前甩下轴承上的液珠,并转动轴承后重复此操作。

f. 放干净处,进行晾干,用油纸或擦纸遮盖,为缩短晾干时间,可用电吹风吹干,严禁使用空压机风管吹轴承。

2. 主轴配合零件间精度检测和零件检查

①角接触球轴承(7010C)(7012C)与主轴分别试装。

②检验平台测量前用抹布擦拭干净,将配合件放在检验平台上,检测各项精度;检验前/后轴承(7010C)(7012C)等高精度,要求≤0.002 mm,内外环逐一检测。(辅助工具及材料:抹布、杠杆千分表、磁性表座)

③皮带轮平衡顶丝(M6×10;GB70)用天平秤重后分组,各组差重≤0.2 g。

④反扣盘上紧固螺丝(M5×12;GB70)用天平秤重后分组,各组差重≤0.2 g。

⑤主轴前端盖键螺钉(M5×12;GB70)用天平秤重后分组。

⑥皮带轮涨紧固定螺钉用天平秤重后分组,各组差重≤0.2 g。

⑦向主轴轴承注入润滑脂。

a. 注润滑脂前保证轴承已晾干,清洗过的注射器筒装入润滑脂,然后推压排除空气使注射器留有规定容量,前轴承 3.6 mL,后轴承是 2.6 mL。

b. 对轴承每个滚动体进行均匀注入,并且两面分配。

⑧主轴前轴承装配相关数据测量。

a. 用深度尺测量主轴套筒端面到主轴套隔台的数值 K_1,如图 2-1-5(a)所示。

b. 清洗后的轴承,一起叠加放置,具体叠加放置方式如图 2-1-5(b)所示,分别为角接触球轴承(7012C)、轴承隔套内环、轴承隔套外环、角接触球轴承(7012C)、迷宫隔环内外环,测量叠加高度数值为 K_2。

c. 测量主轴全端盖凹台深度数值为 H,如图 2-1-5(c)所示。(在相互垂直的两组位置各测量一次,所得值进行加权计算平均值)

d. 出厂安装按 $K=K_2-K_1+0.2$ mm 与 H 值的偏差结果修配调整主轴全端盖。测量各数值时，保证各工件干净，无污渍。等高台在测量前用酒精擦拭纸擦拭干净。

(a)

(b)

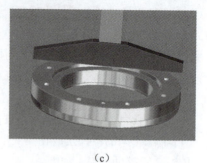
(c)

图 2-1-5　主轴前轴承装配相关数据测量

3. 主轴组件装配

主轴组件装配见表 2-1-1。

表 2-1-1　主轴组件装配

序号	工序内容	辅助工具及材料	工序过程示意
1	主轴前端面朝下竖立在工作台上		
2	放入迷宫隔环外环，要求迷宫隔环外环环形槽朝上装入主轴		
3	放入迷宫环内环，要求迷宫隔环内环环形槽朝下装入主轴		
4	将角接触球轴承（7012C）放置在主轴迷宫环内环上，要求轴承外圈宽端面一侧朝上装入主轴。 备注：为了教学拆卸方便，轴承不用加热处理，常温装调下可直接安装，轴承组合方式是 DB		
5	将轴承隔套内环装入主轴，再放置轴承隔套外环，将第二个角接触球轴承（7012C）外圈宽端面一侧朝下装入主轴		
6	将另一个轴承隔套内环装入主轴		
7	将前轴承螺母（M6×2）装入主轴，要求锁紧力矩 80 N·m。使用勾扳手紧固前轴承螺母，再使用 4 mm 内六角扳手将其他三颗 M8×6 顶丝紧固	4 mm 内六角扳手、勾扳手	

续上表

序号	工序内容	辅助工具及材料	工序过程示意
8	将磁性表座吸在主轴上,表头接触角接触球轴承(7012C)外环,旋转测量并调整外圆使之与主轴同心,允差≤0.05 mm	磁力表座 杠杆千分表	
9	将磁性表座吸在后角接触球轴承外环上,表头接触主轴,检验其回转跳动,允差≤0.04 mm	磁力表座 杠杆千分表	
10	将磁性表座吸在主轴上,磁性表座不动,让表头接触在角接触球轴承外环端面,转动外环,检查端面跳动允差≤0.02 m	磁力表座 杠杆千分表	
11	对第"9"工序和第"10"工序进行检验,若跳动超差,可通过调整前轴承螺母(M6×2)上3个顶丝或轻敲螺母对应方向,直至达到要求为止		
12	装入后轴承挡板(凸面朝上)		
13	装入角接触球轴承(7012C),组合方式DB,放置在后轴承挡板上		
14	将主轴套筒套入主轴		
15	先使用(M5×12)螺丝组装好主轴套筒压环与皮带轮		
16	安装键(C10×8×50)		

续上表

序号	工序内容	辅助工具及材料	工序过程示意
17	将组装好的主轴套筒压环与皮带轮装入主轴		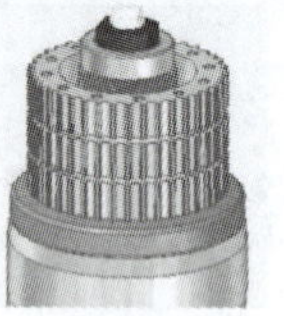
18	将预紧螺母安装在主轴上,要求锁紧力矩 60 N·m,使用可调式圆螺母扳手将其安装到位,并调整预紧螺母上的 3 颗顶丝(M6×10)	可调式圆螺母扳手 3 mm 内六角扳手	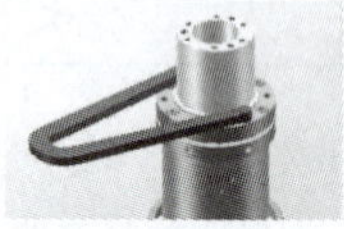
19	安装主轴前端盖及防水环,并用 8 颗内六角圆柱头螺钉(M6×20)锁紧。计算所得前轴承外环压紧量 A 在技术要求公差范围内,其中 A=K2-K1-H		
20	安装定位键,并用 2 颗内六角圆柱头螺钉(M6×16)锁紧		
21	将主轴放置在检验台,检测主轴跳动,要求跳动≤0.01 mm	磁力表座 杠杆 千分表	

四、主轴抓松刀装置的工作原理

1. 主轴抓松刀工作原理

刀具的夹紧通常用碟形弹簧实现,碟形弹簧可以通过拉杆及拉爪拉住刀柄的尾部,使刀具锥柄和主轴锥孔紧密配合,其夹紧力达 10 000 N 以上。松刀时,可通过气缸活塞推动拉杆来压缩碟形弹簧,使夹头张开,夹头与刀柄上的拉钉脱离,刀具即可拔出,并进行新旧刀具的交换。新刀装入后,气缸活塞后移,新刀具又被碟形弹簧拉紧,完成刀具的松开和夹紧动作。气缸自带电磁阀及消音器,外部安装限位块及行程开关,检测气缸松刀及夹刀动作是否到位。另外,主轴清洁吹气管路带调整旋钮,可调整清洁空气的气流大小。

目前加工中心所用刀具常采用 7∶24 的大锥度锥柄,这种刀柄既有利于定心,也方便松刀。

2. 主轴抓缸松刀装置结构与原理

主轴抓松刀装置可以手动松刀,也可以自动松刀,其控制原理基本相同,主轴抓松刀装置结构图如图 2-1-6 所示。当系统输出松刀 Y 信号,并检测松刀到位开关在夹紧状态(X 信号),抓松刀电磁阀得电控制气路导通,气缸动作,推动主轴内的抓松刀机构,使得刀具松开，同时检测到抓松刀到位开关松开信号（X信号），刀具松开完成；当系统输出夹紧信号（Y信号），松刀电磁阀失电，气缸泄气，在主轴内的松刀机构（碟簧组件）的作用下，刀具夹紧，机械部分复位到原始状态，系统检测到抓松刀到位开关夹紧信号（X信号），刀具装载完成。

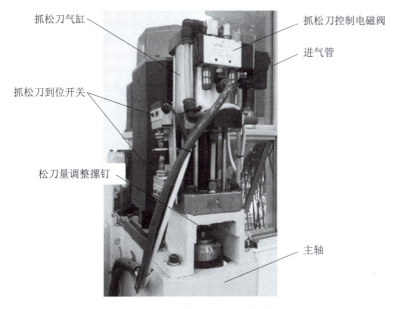

图 2-1-6　主轴抓松刀装置结构图

五、通用变频主轴驱动装置

1. 工频交流电

无论是用于家庭还是用于工厂，单相交流电源和三相交流电源，其电压和频率均按各国的规定有一定的标准。我国规定，单相交流电压为 220 V，三相交流电压为 380 V，频率为 50 Hz；其他国家的电源电压和频率可能与我国的电压和频率不同，如有单相 100 V/60 Hz，三相 200 V/60 Hz 等等，标准的电压和频率的交流供电电源叫工频交流电。

2. 三相异步电动机调速原理

根据变频调速技术及三相异步电动机工作原理，得出感应电动机的转速公式

$$n = n_0(1-s) = 60 f_1(1-s)/p$$

式中：n 为电动机转速（即转子转速）；n_0 为旋转磁场转速（$n_0 = 60 f_1/p$）；s 为转差率（旋转磁场转速与转子转速相差的程度），$s=(n_0-n)/n_0$；f_1 为电流频率；p 为磁极对数（定子铁芯）。

由上式可得到三种调速方式：

①改变转差率 s（变转差率调速）；

②改变极对数 p（变极调速）；

③改变供电频率 f_1（变频调速）。

我们通过电动机转速的公式知道，电动机转速与工作电源输入频率成正比关系，那么只要改变频率 f_1 就可以改变电动机的转速，而工频交流电的频率固定不变，因此，我们可以利用变频器来实现电动机的调速。

3. 主轴变频器

随着交流调速技术的发展，目前数控机床的主轴驱动多采用交流主轴电动机配变频器控制的方式。目前主轴驱动装置市场上流行的变频器生产厂家有西门子、三菱、欧姆龙和安川等公司。变频器是交流电气传动系统的一种，是将交流工频电源转换成电压、频率均可变的适合交流电动机调速的电力电子变换装置，英文简称 VVVF（variable voltage variable frequency）。下面以西门子 V20 基本型变频器为例，介绍变频器的系统接线、基本操作面板和基本的调试操作。

（1）变频器的工作原理

变频器的工作原理如图 2-1-7 所示，变频器主要采用交—直—交方式，先把工频交流电源通过整流器转换成直流电源，然后再将直流电源转换成频率、电压均可控制的交流电源以供给电动机。

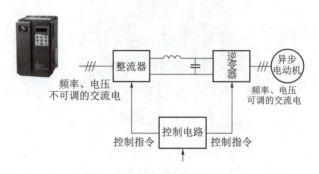

图 2-1-7　变频器的工作原理

（2）变频器的用途

变频器的用途如图 2-1-8 所示，主要是通过调整电源的频率来控制三相异步电动机的转速。

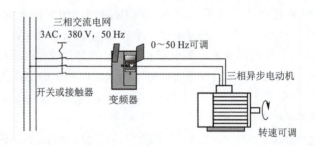

图 2-1-8　变频器的用途

（3）变频器调速的优势

①平滑软启动，降低启动冲击电流，减少变压器占有量，确保电动机安全；
②在机械允许的情况下可通过提高变频器的输出频率提高工作速度；
③无极调速，调速精度大大提高；
④电动机正反向无须通过接触器切换；
⑤非常方便接入通信网络控制，实现生产自动化控制。

（4）变频器控制回路功能及端子接线

如图 2-1-9 所示，这是西门子 V20 基本型变频器整体典型系统接线，L、N 外接电源输入，变频后电源 U、V、W 输出三相电到电动机。

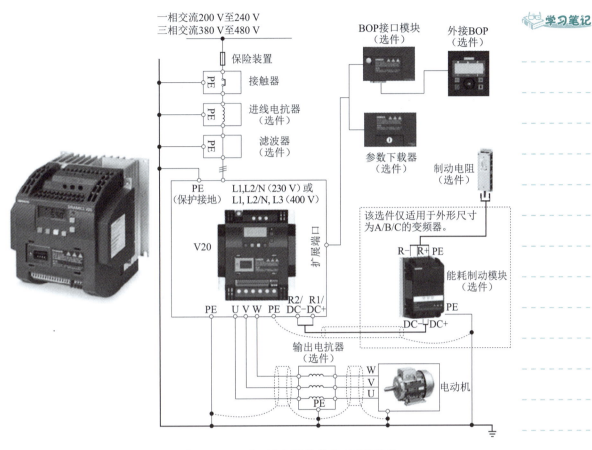

图 2-1-9　西门子 V20 基本型变频器整体典型系统接线

如图 2-1-10 所示，对变频器的接线端子进一步说明，最上面是电源端子，U、V、W 是电动机端子，DC 是变频器工作的直流端子，AI1、AI2、DI1 和 DI2 等是根据客户需求所接的用户端子。

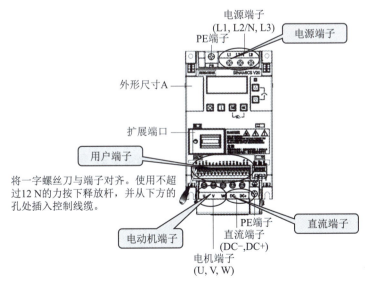

图 2-1-10　变频器的接线端子

（5）变频器的操作面板

西门子 V20 的基本操作面板如图 2-1-11 所示，手形图标表示自动/手动/点动模式的状态， 表示主轴的反转， 表示变频器在运行中，感叹号表示有报警，×表示变频器有故障，状态 LED 灯表明工作状态，向上、向下键能对频率等数值的大小进行调节，OK 键表示确定，M 是功能键，同时按下 M 和 OK 键能实现手动与自动模式工作状态的转换，在手动状态下，按下绿色运行键，可以使主轴进行旋转运动，按下红色的停止键，可以使主轴停止运行。LCD 显示能显示一些参数的信息。

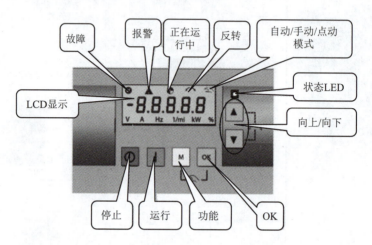

图 2-1-11　西门子 V20 的基本操作面板

（6）西门子 V20 的调试操作

可以利用手动和自动两种方法对西门子 V20 进行调试操作。

①利用手动方法进行调试操作。合上机床总电源，启动数控系统，让变频器上电，同时按住 M 和 OK 键，当 LCD 上显示手形图标时表明已经进入手动模式，此时，按下绿色启动键，观察主轴运动状态，主轴开始进行旋转运动，当按下向上或向下键时，通过调整电动机的频率，发现主轴转速也随之变化，当按下红色停止键时，主轴停止旋转运动。

②利用自动方法进行调试操作。同时按住 M 和 OK 键，当 LCD 上不显示手形图标时，表明已经进入自动模式，按下 M 键，退出手动操作模式，LCD 上显示 "0.0"，在数控系统操作面板上，MDI 方式下，输入 "M03 S500"，按下绿色机床启动按钮，机床主轴开始旋转运动，当按下复位键时，主轴停止旋转运动。

（7）变频器输入接线实际使用注意事项

①根据变频器输入规格选择正确的输入电源。

②变频器输入侧采用断路器（不宜采用熔断器）实现保护，其断路器的整定值应按变频器的额定电流选择而不应按电动机的额定电流来选择。

③变频器三相电源实际接线无需考虑电源的相序。

④面板上的 SDP 有两个 LED，用于显示变频器当前的运行状态。

（8）变频器常见故障

在变频器日常维护过程中，经常遇到各种各样的问题，如外围线路问题，参数设定不良或机械故障。变频器典型故障见表 2-1-2。

表 2-1-2　变频器典型故障

故障现象	可能原因
变频器无输出电压	（1）主电路不通。重点检查主电路通道中所有开关、熔断器及电力电子器件是否完好，导线接头有无接触不良或松脱。 （2）控制电路接线错误，变频器未正常启动
电机不能升速	（1）交流电源或变频器输出缺相。 （2）频率或电流设定值偏小。 （3）调速电位器接触不良或相关元件损坏，使频率给定值不能升高
转速不稳或不能平滑调节	转速不稳或不能平滑调节故障一般受外界条件变化的影响，故障出现无规律且多为短暂性故障，主要影响性有： （1）电源电压不稳定。 （2）载荷有较大的波动。 （3）外界噪声干扰使设定频率起变化。 可通过检测找到故障并采取相应的措施解决
过电流故障	过电流故障是较常见的故障，可从电源、载荷、变频器、振荡干扰等方面找原因： （1）电源电压超限或缺相。 （2）载荷过重或载荷侧短路。 （3）变频器设定值不适当：一是电压频率特性曲线中电压提升大于频率提升，破坏了U/f的比例关系，造成低频高压而过流；二是加速时间设定过短，需要转矩过大而造成过流；三是减速制动时间设定过短，机组迅速再生发电回馈给中间电路，造成中间电路电压过高和制动电路过流。 （4）振荡过流。一般只在某转速（频率）下运行时发生。其主要发生原因有两个：一是电气频率与机械频率发生共振；二是纯电气电路所引起。找出发生振荡的频率范围后，可利用跳跃频率功能跳过（回避）该共振频率
过电压故障	过电压故障常发生在机组减速制动时，过压原因大都与中间电路及制动环节有关，主要是： （1）电源电压过高，一般超过正常工作电压的 10%。 （2）制动电阻阻值过大或损坏，无法及时释放回馈的能量而造成过电压。 （3）中间电路滤波电容失效（容量变小）或检测电路故障。应认真检查电容器有无异味、变色，安全阀是否胀出，箱体有无变形及漏液。电容器一般应 5 年更换一次。 （4）减速时间设定过短
低电压故障	低电压故障的主要问题在电源方面。 （1）交流电源电压过低或缺相。 （2）供电变压器容量缩小，电路阻抗过大，带载后变压器及电路压降过大而造成变压器输入电压偏低。 （3）变频器整流桥二极管损坏使整流电压降低
过热故障	过热故障的原因为： （1）环境温度过高。 （2）内部冷却风扇损坏或运转不正常。 （3）通风口罩栅被杂物堵塞。 （4）载荷过重

4. 数控系统与主轴装置的电路连接

（1）西门子 802C 数控系统和 MM420 变频器的连接

西门子 802C 数控系统和 MM420 变频器的连接如图 2-1-12 所示，802C 系统通过 X7 轴接口中的 A04/GND4 模拟量输出端口可控制主轴转速，当系统接受主轴旋转指令后，在输出口输出 0～10 V 的模拟量电压，同时 PLC 输出 Q0.0、Q0.1 控制主轴装置的正反转及停止，一般定义高电平有效，这样当 Q0.0 输出高电平时可控制主轴装置正转，Q0.0、Q0.1 同时为高电平时，主轴装置反转，二者都为低电平时，主轴装置停止停转。

数控系统 X6 口接收主轴编码器反馈回来的信号，主要用来进行速度检测和螺纹切削加工，对于普通主轴变频器和系统的连接除了硬件上接线外，系统和变频器的参数设置也非常重要。

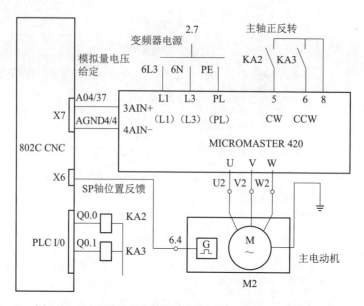

图 2-1-12 西门子 802C 数控系统和 MM420 变频器的连接

（2）FANUC 0i Mate 数控系统主轴驱动的连接

FANUC 0i Mate 系统主轴控制可分为主轴串行输出 / 主轴模拟输出（Spindle serial output/Spindle analog output）两种。用模拟量控制的主轴驱动单元（如变频器）和电动机称为模拟主轴，主轴模拟输出接口只能控制一个模拟主轴。按串行方式传送数据（CNC 给主轴电动机的指令）的接口称为串行输出接口；主轴串行输出接口能够控制两个串行主轴，必须使用 FANUC 的主轴驱动单元和电动机。FANUC 0i Mate 数控系统模拟主轴的连接如图 2-1-13 所示，FANUC 0i 参数设定画面图如图 2-1-14 所示，模拟主轴相关各参数设置及含义见表 2-1-3。

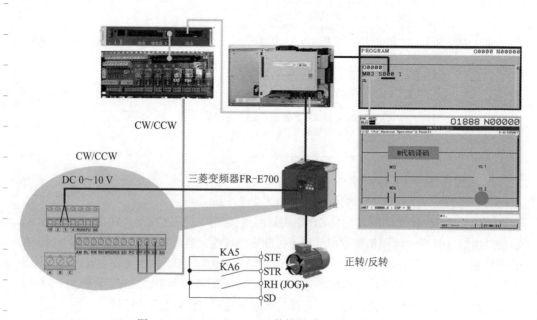

图 2-1-13 FANUC 0i Mate 数控系统与变频器的连接

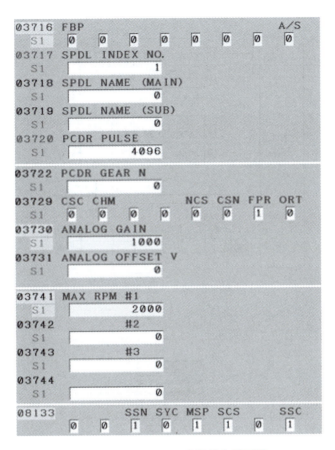

图 2-1-14 FANUC 0i 参数设定画面图

表 2-1-3 模拟主轴相关各参数设置及含义

参数号	设置值	含义
3716#0	0	模拟主轴
3717	1	主轴放大器号
3718	80	显示下标
3720	4 096	主轴编码器脉冲数
3735	0	主轴最低钳制速度
3736	4 095	主轴最高钳制速度
3741	2 000	主轴最大速度，根据电动机额定转速设置
3772	0	主轴上限钳制，设为 0 不钳制
8133#5	1	不使用串行主轴

六、FANUC 串行数字控制主轴驱动装置的连接

不同数控系统的串行数字控制的主轴驱动装置是不同的，下面以 FANUC 公司产品为例，说明主轴驱动装置的功能连接及设定、调整，FANUC 0i 主轴连接示意图如图 2-1-15 所示。

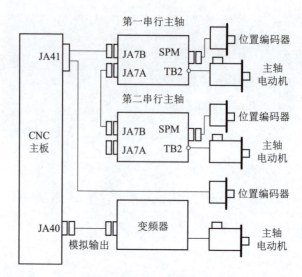

图 2-1-15　FANUC 0i 主轴连接示意图

1．FANUC 串行数字控制的主轴模块端口及连接

主轴放大器接口如图 2-1-16 所示。

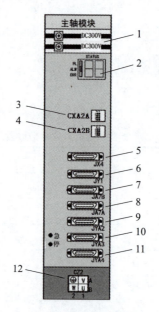

图 2-1-16　主轴放大器接口

①—TB1，直流电源输入端。该接口与电源模块直流电源输出端、伺服放大器直流电源输入端连接。

②—状态指示。用发光二极管表示主轴放大器所处状态，出现异常时显示相关报警代号。

③—CXA2A。直流 24 V 输出接口。该接口与紧邻伺服放大器的 CXA2B 相连接。

④—CXA2B。直流 24 V 输入接口。该接口与电源模块 CXA2A 接口连接。

⑤—JX4。主轴放大器工作状态检查接口。

⑥—JY1。主轴负载功率表和主轴转速表连接接口。

⑦—JA7B。串行主轴输入接口。该接口与 CNC 主板上 JA41 接口连接。

⑧—JA7A。串行主轴输出接口。该接口与下一主轴放大器 JA7B 接口连接或备用。

⑨—JYA2。电动机脉冲编码器接口，用于接收电动机速度反馈信号。

⑩—JYA3。位置编码器连接接口。在主轴转速测量基础上增加了位置编码器，含位置脉冲信号和一转脉冲信号。

⑪—JYA4。外置主轴位置信号接口。

⑫—三相交流变频电源输出端。该接口与主轴电动机接线端连接。

2. FANUC 系统 α 系列主轴模块的连接电路

如图 2-1-17 所示，是主轴模块主轴放大器的连接图。

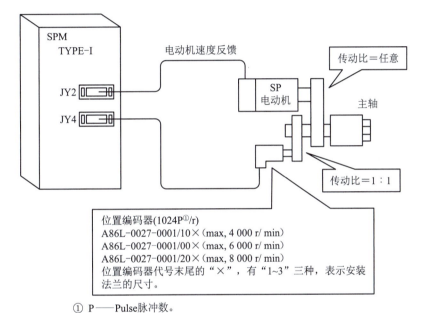

图 2-1-17　主轴模块主轴放大器的连接

3. FANUC 串行主轴参数设定

某数控铣床配置有 FANUC 串行主轴，主轴电动机型号：FANUC αiI 3/10 000。

（1）主轴电动机的最高、最低钳制转速设置：最高 9 000 r/min，最低 50 r/min。

（2）设备换挡采用 M 型换挡（B 型）：要求三级挡位最高转速分别为 2 000 r/min、4 000 r/min、8 000 r/min，挡位 1 转换为挡位 2 的转速为 1 200 r/min、挡位 2 转换为挡位 3 的转速为 3 000 r/min。

（3）根据 FANUC 相关参数手册设定过程填写表 2-1-4。

表 2-1-4　案例主轴参数设定表

参数	设定值	意　义	说　明
3716#0	1	主轴放大器的种类选择	0：使用模拟主轴 1：使用串行主轴
3717	1	各主轴的主轴放大器号设定	0：放大器没有连接 1：使用连接 1 号放大器的主轴电动机 2：使用连接 2 号放大器的主轴电动机

视频
FANUC串行主轴的连接与参数设定

续上表

参数	设定值	意 义	说 明
3735	20	主轴电动机的最低钳制速度	设定值 =（主轴电动机的下限转速 / 主轴电动机的最高转速）× 4095
3736	3685	主轴电动机的最高钳制速度	设定值 =（主轴电动机的上限转速 / 主轴电动机的最高转速）× 4095
3706#4	0	主轴换挡方式选择	0：M 型 1：T 型
3705#2	1	齿轮切换方式	0：方式 A 1：方式 B
3741	2 000	第 1 挡主轴最高转速	
3742	4 000	第 2 挡主轴最高转速	
3743	8 000	第 3 挡主轴最高转速	
3751	491	主轴电动机 1~2 挡换挡转速	设定值 =（齿轮切换点的主轴电动机转速 / 主轴电动机的最高转速）× 4 095
3752	1 228	主轴电动机 2~3 挡换挡转速	设定值 =（齿轮切换点的主轴电动机转速 / 主轴电动机的最高转速）× 4 095
3772	10 000	主轴的上限转速	
4133	308	设定主轴电动机代码	查相关参数表
4019#7	1	电动机初始化位	

七、数控机床主轴转向系统测量

1. 模拟主轴传动系统组成

本机床采用变频器模拟主轴传动，模拟主轴传动系统组成如图 2-1-18 所示。

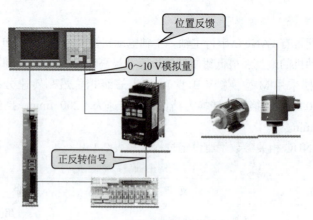

图 2-1-18　模拟主轴传动系统组成

2. 模拟主轴运动信息的传递

对于变频器控制的模拟主轴正反转，CNC 根据指令信息发出主轴运转指令，传递给

PMC，然后有 Y 输出，使继电器得电，控制主轴电动机顺时针或逆时针旋转，再通过主传动系统，传递给主轴，最后使主轴正转或反转，主轴正反转流程如图 2-1-19 所示。

图 2-1-19　主轴正反转流程

3．主轴控制电气原理图

主轴控制电气原理图如图 2-1-20 所示。当 PMC 有 Y2.0 输出时，中间继电器 KA3 线圈得电，变频器上方的 KA3 动合触点闭合，STF 接通，同时低压断路器 QF3 闭合，U、V、W 得电，主轴电动机 M 开始正转。当 PMC 有 Y2.2 输出时，中间继电器 KA4 线圈得电，变频器上方的 KA4 动合触点闭合，STR 接通，同时低压断路器 QF3 闭合，U、V、W 得电，主轴电动机 M 开始反转。

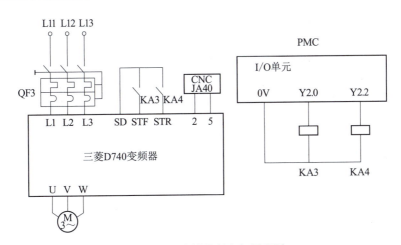

图 2-1-20　主轴控制电气原理图

任务分析

对于数控机床主轴驱动装置采用模拟量主轴驱动装置时，引起主轴不能反转的原因主要有以下几个方面：

① CNC 系统是否有速度控制信号输出；
②主轴驱动装置故障；
③主轴电动机故障；
④变频器输出端 U、V、W 不能提供电源。造成此种情况可能有以下原因：
　a. 系统报警；
　b. 频率指定源和运行指定源的参数是否设置正确；
　c. 智能输入端子的输入信号是否正确。

任务实施

以"数控机床主轴电气故障维修"任务为例，按照"检查—计划—诊断—维修—试机"

视频
数控机床主轴电气故障维修

五步故障维修工作法排除故障。

1. 检查

①开机后在手动方式下操作主轴，正转正常，反转不动，并且无任何报警信息。

②本机床最近没有任何维修记录。

③发生故障时的外界条件记录，发生故障时周围环境温度正常，周围没有强烈的振动源。

2. 计划

根据对数控机床现场检查情况，进行团队会议，并填写工作单中的计划单、决策单和实施单。初步制订以下排除故障方案：

①数控系统的变频器控制参数未打开，导致主轴不能旋转。需查阅系统说明书，了解变频器控制参数并对其进行更改。

②系统与变频器的线路连接错误，导致主轴不能旋转。需查阅系统与变频器的接线说明书，确保接线正确。

③模拟电压输出不正常，导致主轴不能旋转。需用万用表检查输出的模拟电压是否正常；检查模拟电压信号线连接是否正确及是否存在接触不良的情况，以及变频器接收的模拟电压是否匹配。

④强电控制部分断路器或元器件损坏，导致主轴不能旋转。需检查主轴供电这一线路各触点连接是否可靠，线路是否断路，继电器是否损坏，熔断器是否熔断。

⑤变频器自身参数未调好，导致主轴不能旋转。需要对变频器的控制方式进行选择，若不选择数控系统控制方式，则无法用数控系统来控制主轴，因此要修改相关参数；检查相关参数设置是否合理。

⑥由于供电主轴的三相电源缺相，导致主轴不能旋转。需检查电源，调换任意两条电源线。

⑦同步带断裂引起主轴不能旋转。需检查皮带传动有无断裂或机床是否挂了空挡，确认主轴轴承是否完好。

3. 诊断

根据诊断思路，进行现场诊断，步骤见表 2-1-5。

表 2-1-5 排除主轴反向不转故障

序号	检测内容	正常现象	检测方法
1	PMC Y2.1 信号	有	观察是否有信号输出
2	继电器 KA4 指示灯	点亮	观察是否点亮
3	变频器 STR、SD 端子间电压	直流 0 V	测量电压是否为直流 0 V
4	变频器三相电源输入	交流 380 V	测量是否为交流 380 V
5	主轴电动机	反转	观察正转能否正常工作

经过观察测量发现，STR 与 SD 之间的电源电压为 24.0 V，而不是 0 V，因此，可以推测，故障出现在此处，进一步检查发现 STR 接线端松动。

4. 维修

用螺丝刀把松动线头接紧。

5. 试机

重新上电，主轴能够正常反转，故障排除。

主轴故障维修工作单

计 划 单

学习情境 2	主轴及进给轴故障维修		任务 2.1	主轴故障维修工作单
工作方式	组内讨论、团结协作共同制订计划：小组成员进行工作讨论，确定工作步骤		计划学时	0.5 学时
完成人	1.　　2.　　3.　　4.　　5.　　6.　　…			
计划依据：①数控机床电气原理图；②教师分配的不同机床的故障现象				

序号	计划步骤	具体工作内容描述
1	准备工作（准备工具、材料，谁去做）	
2	组织分工（成立小组，人员具体都完成什么）	
3	现场记录（都记录什么内容）	
4	排除具体故障（怎么排除，排除故障前要做哪些准备）	
5	机床运行检查工作（谁去检查，都检查什么）	
6	整理资料（谁负责，整理什么）	
制订计划说明	（写出制订计划中人员为完成任务的主要建议或可以借鉴的建议，以及排除故障的具体实施步骤）	

●●●● 决 策 单 ●●●●

学习情境 2	主轴及进给轴故障维修		工作任务 2.1	主轴故障维修工作单
决策学时			0.5 学时	

	小组成员	方案的可行性（维修质量）	排除故障合理性(加工时间)	方案的经济性（加工成本）	综合评价
	1				
	2				
	3				
方案对比	4				
	5				
	6				
	⋮				

决策评价	（排除主轴故障最佳方案是什么？最差方案是什么？描述清楚，做出最佳综合评价选择）

实 施 单

学习情境 2	主轴及进给轴故障维修	工作任务 2.1	主轴故障维修工作单
实施方式	小组成员合作共同研讨确定实践的实施步骤	实施学时	1 学时
序号	实施步骤		使用资源
1			
2			
3			
4			
5			
6			
⋮			

实施说明：

实施评语：

班级		组员签字	
教师签字		第　　组	组长签字		日期	

检 查 单

学习情境2	主轴及进给轴故障维修	任务2.1	主轴故障维修工作单
检查学时	课内0.5学时		第　　组
检查目的及方式	实施过程中教师监控小组的工作情况，如检查等级为不合格，小组需要整改，并拿出整改说明		

序号	检查项目	检查标准	检查结果分级（在检查相应的分级框内划"√"）				
			优秀	良好	中等	合格	不合格
1	准备工作	资源已查到情况、材料准备完整性					
2	分工情况	安排合理、全面，分工明确方面					
3	工作态度	小组工作积极主动、全员参与方面					
4	纪律出勤	按时完成负责的工作内容、遵守工作纪律方面					
5	团队合作	相互协作、互相帮助、成员听从指挥方面					
6	创新意识	任务完成不照搬照抄，看问题具有独到见解和创新思维					
7	完成效率	工作单记录完整，按照计划完成任务					
8	完成质量	工作单填写准确，记录单检查及修改达标方面					
检查评语							教师签字：

任务评价

1. 小组工作评价单

学习情境 2	主轴及进给轴故障维修		任务 2.1	主轴故障维修工作单	
评价学时			课内 0.5 学时		
班级			第　　　组		
考核情境	考核内容及要求	分值（100）	小组自评（10%）	小组互评（20%）	教师评价（70%）	实得分（∑）
汇报展示（20）	演讲资源利用	5				
	演讲表达和非语言技巧应用	5				
	团队成员补充配合程度	5				
	时间与完整性	5				
质量评价（40）	工作完整性	10				
	工作质量	5				
	故障维修完整性	25				
团队情感（25）	核心价值观	5				
	创新性	5				
	参与率	5				
	合作性	5				
	劳动态度	5				
安全文明（10）	工作过程中的安全保障情况	5				
	工具正确使用和保养、放置规范	5				
工作效率（5）	能够在要求的时间内完成，每超时 5 min 扣 1 分	5				

2. 小组成员素质评价单

学习情境2	主轴及进给轴故障维修		任务2.1		主轴故障维修工作单	
班级		第　　组		成员姓名		
评分说明	每个小组成员评价分为自评和小组其他成员评价两部分，取平均值计算，作为该小组成员的任务评价个人分数。评价项目共设计5个，依据评分标准给予合理量化打分。小组成员自评分后，要找小组其他成员以不记名方式打分					
评分项目	评分标准	自评分	成员1评分	成员2评分	成员3评分	成员4评分	成员5评分
核心价值观（20分）	社会主义核心价值观的思想及行动方面						
工作态度（20分）	按时完成负责的工作内容，遵守纪律，积极主动参与小组工作，全过程参与，具有吃苦耐劳的工匠精神						
交流沟通（20分）	能良好地表达自己的观点，能倾听他人的观点						
团队合作（20分）	与小组成员合作完成任务，做到相互协作、互相帮助、听从指挥						
创新意识（20分）	看问题能独立思考，提出独到见解，能够运用创新思维解决遇到的问题						
最终小组成员得分							

课后反思

学习情境 2	主轴及进给轴故障维修		任务 2.1	主轴故障维修工作单
班级		第　　组		成员姓名
情感反思	通过对本任务的学习和实训，你认为自己在社会主义核心价值观、职业素养、学习和工作态度等方面有哪些需要提高的地方			
知识反思	通过对本任务的学习，你掌握了哪些知识点？请画出思维导图			
技能反思	在完成本任务的学习和实训过程中，你主要掌握了哪些排故技能			
方法反思	在完成本任务的学习和实训过程中，你主要掌握了哪些分析和解决问题的方法			

思考与练习

一、单选题（只有1个正确答案）

1. 在职场中真心真意的对待同事、甚至竞争对手，不搞虚伪客套，权谋诈术所指的意思是（ ）。
   A. 诚实守信　　　B. 爱岗敬业　　　C. 忠于职守　　　D. 宽厚待人

2. 数控机床其它部位运行正常，主轴驱动电动机不转，原因有可能是（ ）。
   A. 主轴使能信号不通　　　　　　B. 位置环增益系数调整不当
   C. 电源缺相　　　　　　　　　　D. 电流过小

3. 下列属于企业诚实守信的选项有（ ）。
   A. 遵守承诺和契约　　　　　　　B. 树立客户第一的观点
   C. 产品货真价实　　　　　　　　D. 不惜代价追求企业利益最大化

4. 下列除了（ ）准停方式外，其余属于主轴电气准停的方式。
   A. 定位盘准停　　B. 磁传感器型　　C. 编码器型　　D. 数控系统控制

二、判断题（对的划"√"，错的划"×"）

1. 好的信誉来自好的质量。　　　　　　　　　　　　　　　　　　　　　（ ）
2. 主轴装刀夹紧拉钉的力为压缩空气的气体压力，而松刀的力为蝶形弹簧的机械力。
　　　　　　　　　　　　　　　　　　　　　　　　　　　　　　　　（ ）
3. 主轴上刀具松不开的原因之一可能是系统压力不足。　　　　　　　　　（ ）
4. 主轴的前轴承的精度应比后轴承精度低一级。　　　　　　　　　　　　（ ）

三、简答题

1. 简述主轴系统分为哪几类？
2. 简述工频交流电有什么特点？
3. 简述三相异步电动机调速原理？
4. 简述变频器的工作原理？
5. 简述变频器的用途及优势？
6. 简述西门子 V20 的调试操作过程？
7. 简述 JA40 和 JA41 接线的区别？
8. 简述模拟主轴传动系统组成？

任务 2.2 进给轴故障维修

任务工单

学习情境 2	主轴及进给轴故障维修	任务 2.1	进给轴故障维修
任务学时		4 学时（课外 4 学时）	
布置任务			
工作目标	①能够描述伺服驱动系统的组成和工作原理； ②能够列举数控机床进给轴常见的故障现象； ③能根据给定参考资料，设置伺服系统参数； ④能利用模块交换法等方法排除进给轴常见故障； ⑤能在完成任务过程中培养安全意识，锻炼职业素养，养成诚实守信的品质，树立团队意识，工匠精神，培养爱岗敬业精神和爱国情怀		
任务描述	某数控车间一台配 FANUC 0i Mate 数控系统的数控铣床，在机床上电后，以手动方式移动 y 轴，工作台不移动，故障现象如图所示。请根据故障现象，按照"检查—计划—诊断—维修—试机"五步故障维修工作法排除故障 数控铣床 y 轴不能动故障现象		

学时安排	资讯	计划	决策	实施	检查	评价
	1 学时	0.5 学时	0.5 学时	1 学时	0.5 学时	0.5 学时

对学生学习及成果的要求	①学生具备数控机床电气原理图识读能力； ②严格遵守实训基地各项管理规章制度； ③严格遵守课堂纪律，学习态度认真、端正，能够正确评价自己和同学在本任务中的素质表现； ④每位同学必须积极参与小组工作，承担排故检查的相应劳动工作，做到能够积极主动不推诿，能够与小组成员合作完成工作任务； ⑤每位同学均须独立或在小组同学的帮助下完成排故过程中技能训练工作单的填写，并提请检查、签认，对发现的错误务必及时修改； ⑥每组必须完成排故任务并填写全部故障维修工作单，然后提请教师进行小组评价，小组成员分享小组评价分数或等级； ⑦每名同学均完成任务反思，以小组为单位提交

学习笔记

学习导图

任务2.2 进给轴故障维修

- **知识点**
  - 伺服系统简介
    - 伺服驱动系统连接
    - 伺服位置检测装置
- **技能点**
  - 描述伺服驱动系统的组成和工作原理
  - 设置伺服系统参数
  - 阐述闭环和半闭环伺服系统的区别
  - 根据故障现象和电气原理图，排除数控机床进给轴常见故障
- **素质融入点**
  - 通过伺服驱动系统的连接，培养学生的严谨态度和安全意识
  - 通过进给轴故障维修过程，培养学生工匠精神、劳动精神，以及诚信友善的品质
  - 通过小组讨论排除故障方案的可行性分析，培养学生的团队合作精神，使学生树立良好的成本意识和质量意识

思政案例：中国机床推动中国智能制造蓬勃发展——创新精神和劳动精神

中国机床推动中国智能制造蓬勃发展

中国已成为世界第一机床消费大国，中国机床产业的快速发展，极大促进了中国制造业的飞速崛起，使我国在新能源汽车、工程机械、高速铁路、航空飞行器、船舶、风电、供电设施等领域取得了瞩目成就。

有力支撑制造强国建设：挺起中国工业"脊梁"。

①通过数控机床科技重大专项项目的实施，重塑了机床产业创新生态，中国机床装备已整体进入数控时代。

②高档数控机床"平均故障间隔时间"实现了从 500 h 到 1 600 h 的跨越，精度整体提高 20%；国产高档数控系统国内市场占有率提高到 20% 以上；大型重载滚珠丝杠精度达到国外先进水平。

③五轴镜像铣机床、1.5 万吨充液拉伸装备等 40 余种主机产品达到国际领先或先进水平。

④飞机结构件加工自动化生产线、运载火箭高效加工、大型结构焊接等关键制造装备实现突破，国内首个轿车动力总成关键装备验证平台解决了汽车领域国产机床验证难题。

一、伺服系统简介

1. 伺服系统概述

什么是"伺服"呢？它来自英文 Servo 的谐音，念起来与伺服发音差不多。伺服就是"伺候"的意思，就是非常听话，让走哪，就走哪。在数控机床中，伺服系统接受 CNC 系统的指令，在伺服系统内部进行信号处理，然后驱动机床执行部件跟随指令脉冲运动，快速准确地完成指令动作。数控机床中的伺服系统取代了传统机床的机械传动，这是数控机床的重要特征之一。

数控机床的驱动系统主要有两种：主轴驱动系统和进给轴驱动系统。从作用上看，前者是控制机床各坐标轴的进给运动，后者是控制机床主轴旋转运动。数控机床的最大移动速度、定位精度等指标主要取决于驱动系统及 CNC 位置控制部分的动态和静态性能。另外，对某些加工中心而言，刀库驱动也可认为是数控机床的某一伺服轴，用以控制刀库中刀具的定位。

不论是进给轴驱动系统还是主轴驱动系统，从电气控制原理来分都可分为直流和交流驱动。直流驱动系统在 20 世纪 70 年代初至 80 年代中期在数控机床驱动系统中占据主导地位，这是由于直流电动机具有良好的调速性能，输出力矩大，过载能力强，精度高，控制原理简单，易于调整。随着微电子技术的迅速发展，加之交流伺服电动机材料、结构及控制理论有了突破性的进展，20 世纪 80 年代初期推出了交流驱动系统，标志着新一代驱动系统的开始。由于交流驱动系统保持了直流驱动系统的优越性，而且交流电动机无须维护，便于制造，不受恶劣环境影响，所以目前直流驱动系统已逐步被交流驱动系统所取代。

从20世纪90年代开始，交流伺服驱动系统已走向数字化，驱动系统中的电流环、速度环的反馈控制已全部数字化，系统的控制模型和动态补偿均由高速微处理器实时处理，增强了系统自诊断能力，提高了系统的快速性和精度。

2. 伺服系统的组成及工作原理

数控机床的伺服系统是指以机床移动部件的位移和速度作为控制量的自动控制系统。数控机床的伺服系统主要是用于控制机床的进给运动和主轴转速。

数控机床的伺服系统是机床主体和数控装置的联系环节，是数控机床的重要组成部分，是关键部件，故称伺服系统为数控机床的三大组成部分之一。

（1）伺服系统的组成

数控机床的伺服系统一般由驱动控制单元，驱动元件，机械传动部件，执行件和检测反馈环节等组成。驱动控制单元和驱动元件组成伺服驱动系统，机械传动部件和执行元件组成机械传动系统，检测元件与反馈电路组成检测系统，全闭环伺服系统框图如图2-2-1所示。

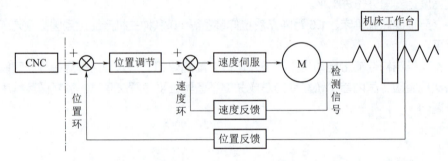

图 2-2-1　全闭环伺服系统框图

（2）伺服系统的工作原理

数控机床进给轴控制中，数控系统发出的指令脉冲，信号比较薄弱，无法直接驱动电动机，中间加上伺服驱动装置，由伺服驱动装置驱动电动机旋转，再通过传动机构带动工作台移动，实现进给运动。

位置环也称外环，如图2-2-1，其输入信号是计算机给出的指令和位置检测反馈的位置信号。这个反馈是负反馈，指令信号是向位置环送去加数，而反馈信号是送去减数。位置环的输出信号就是速度环的输入信号。

速度环也称为中环。它的输入信号有两个：一个是位置环的输出信号，作为速度环的指令信号送给速度环；另一个是由电动机带动的测速发电机经反馈网络处理后的信息，作为负反馈送给速度环。速度环的两个输入信号也是反相的。速度环的输出信号就是电流环的指令输入信号。电流环也叫内环，电流环在速度环中也有两个输入信号，一个是速度环输出的指令信号；另一个是经电流互感器处理后得到的电流信号，它代表电动机电枢回路的电流，送入电流环也是负反馈。电流环的输出是一个电压模拟信号，用它来控制PWM电路，产生相应的占空比信号去触发功率变换单元电路，使电动机获得一个与计算机指令相似的，并与电动机位置、速度、电流相关的运行状态。这个运行状态满足计算机指令的要求。

三个环都有调节器，其中有时采用比例调节器，有时采用比例积分调节器，有时还要用比例积分微分调节器。比例调节器称为P调节器，比例积分调节器称为PI调节器，比例积分微分调节器称为 PID 调节器。采用这种调节方式，主要是能充分利用设备的潜能，使整个机床能快速准确地响应计算机的指令要求。

在三环系统中，必须注意两个问题。第一个问题是位置调节器的输出是速度调节器的输入；速度调节器的输出是电流调节器的输入；电流调节器的输出直接控制功率变换单元，也就是去控制 PWM。第二个问题就是这三个环的反馈信号都是负反馈，这里没有正反馈问题，所以三个环都是反向放大器。因此可以看出伺服系统是一种反馈控制系统，它以指令脉冲为输入给定值与输出被调量进行比较，利用比较后产生的偏差值对系统进行自动调节，以消除偏差，使被调量跟踪给定值。所以伺服系统的运动来源于偏差信号，必须具有负反馈回路，始终处于过渡过程状态。

二、伺服驱动系统连接

1. 伺服驱动系统连接方式

伺服驱动系统主要由数控装置、伺服驱动装置、检测反馈装置和伺服电动机组成，伺服驱动系统的硬件连接方式如图 2-2-2 所示。要加工出各种形状的工件，刀具和工件之间必须按照给定的进给速度、给定的进给方向、一定的切削深度作相对运动，这个相对运动是由一台或几台伺服电动机驱动的。伺服放大器接收从控制单元 CNC 发出的伺服轴的进给运动指令，经过转换和放大后驱动伺服电动机，实现所要求的进给运动。

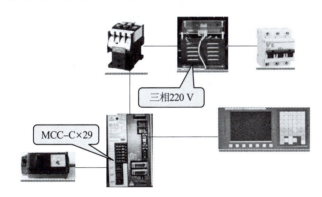

图 2-2-2 伺服驱动系统的硬件连接

2. 伺服放大器接口的定义

伺服放大器接口如图 2-2-3 所示，本机床 Z 轴伺服放大器接口如图 2-2-4 所示。

1——状态指示。用发光二极管表示伺服放大器所处状态，出现异常时显示相关报警代号。

2——绝对位置检测器用锂电池安装位置。

3——CX2A。直流 24 V 输入接口。该接口与前级模块的 CX2B 接口连接。

4——CX2B。直流 24 V 输出接口。该接口与后级模块的 CX2A 接口连接。

5——JX5。检测板用输出。

6——JX14。信号接口。与前级模块相应接口连接。

7——JX1B。信号接口。与后级模块相应接口连接。

8——JF1。接第 1 轴伺服电动机脉冲编码器反馈信号。

9——JF2。接第 2 轴伺服电动机脉冲编码器反馈信号。

10——JF3。接第 3 轴伺服电动机脉冲编码器反馈信号。

视频
伺服放大器保险的更换

视频
伺服放大器电池的更换

11——COP10B。通过光缆接 NC 主板或前级伺服放大器 COP10A 接口。

12——COP10A。通过光缆接后级伺服放大器 COP10B 接口。

13——三相交流电源输出端。该接口与伺服电动机接线端连接。

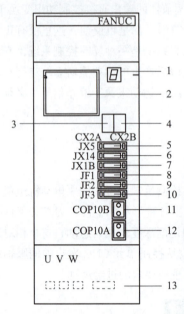

图 2-2-3 伺服放大器接口　　　　图 2-2-4 Z 轴伺服放大器接口

3. 数控机床与伺服进给有关的参数

与伺服进给有关的常用参数见表 2-2-1。

视频

伺服参数的设置

表 2-2-1　与伺服进给有关的常用参数

参数号	一般设定值	说　明
0000#1	1	输出数据位 ISO 代码
20	4	输入设备接口号，4 为存储卡
1005#0	1	未回零执行自动运行，调试时为 1
1006#0	0	直线轴，一般是直线运动的轴，千万不要设为回转轴，回转工作台才是回转轴
1006#3	1	铣床 x 轴，直径编程和半径编程
1020	88，89，90	轴名称，设定值为轴名称的 ACSSII 码 x、y、z 轴
1022	1，3	设定各轴为基本坐标系中的轴，2 为 y 轴，车床没有 y 轴
1023	1，2	轴连接顺序；轴屏蔽设置为 –128，2009#1=1
3401#0	1	指令数值单位，mm，否则默认为 μm，后面所有数据要按 μm 设置，需要输入很多 0
1320	调试为 99 999 999	存储行程限位正极限，这个值调试为 99999999，在设置好参考点后，用手摇方式移动轴接近机械极限位置，看机械坐标值进行设定
1321	调试为 99 999 999	存储行程限位负极限，同上，如果设置 1320 小于 1321，自动忽略报警
1401#0	调试为 1	未回零执行手动快速，未设置会发现快移键无效果，1420 值
1410	1 000	空运行速度

续上表

参数号	一般设定值	说　明
1420	3 000	各轴快移速度
1421	1 000	各轴快移倍率为 F0 的速度
1423	3 000	各轴手动速度
1424	同 1 420	各轴手动快移速度，也可以为 0
1425	300～400	各轴返回参考点 FL 的速度
1430	1 000	各轴最大切削进给速度
1620	50～200	快移时间常数，若设置过大，会使按键和轴移动反应较慢
1622	50～200	切削进给时间常数
1624	50～200	JOG 时间常数
1815#4	1	机械位置和绝对位置编码器的对应关系，0 是未建立，1 是已建立
1815#5	1	采用绝对值编码器，带电池
1820	2	CMR 值，指令倍乘比
1821	5 000	参考计数器容量，对绝对值编码器的意义不大，和回零有关
1825	3 000	各轴位置环增益
1826	20	各轴到位宽度
1827	20	切削进给时的到位宽度
1828	10 000	各轴移动位置极限偏差
1829	200	各轴停止位置极限偏差
2003#3	1	P~I 控制方式
2003#4	1	停止时微小振动设 1
3003#0	1	互锁信号无效
3003#2	1	各轴互锁信号无效
3003#3	1	不同轴向的互锁信号无效
3004#5	1	硬超程信号无效
3105#0	1	实际进给速度显示
3106#4	1	操作履历画面显示
3108#7	1	实际手动速度显示
3111#0	1	伺服调整画面显示
3111#5	1	操作监控画面显示
3112#2	1	外部操作信息履历画面显示
8130	2	控制轴数
8131#0	1	手轮有效
7113	100	手轮进给倍率 m，不设置手轮的 ×100 倍率无效
7114	0	手轮进给倍率 n
3718	80	显示下标

伺服驱动方式与位置检测器

伺服电动机编码器反馈报警排查

光栅尺的工作原理

三、伺服位置检测装置

位置检测装置的主要作用是采集数控机床机械移动的位置信息和速度信息，并将这些信息反馈至控制器的轴卡中进行控制，它的种类根据反馈形式和对位置的记忆功能的不同而有所不同。位置检测装置按其安装的位置分为内置编码器和外置编码器。

1. 内置编码器

内置编码器是检测伺服电动机选中精度的检测仪器，安装在电动机后方，包括了位置检测、速度检测、磁极位置检测。它检测不到丝杠的螺距误差和齿轮间隙引起的运动误差，属于半闭环控制，但可以对这类误差进行补偿以达到所需的精度要求。

2. 外置编码器

外置编码器安装在机床床身和工作台之间，这种数控机床精度和稳定性最好。可以消除整个驱动和传动环节的误差，具有很高的位置控制精度，属于全闭环控制，外置编码器常见的类型有光栅尺、光栅盘，其中光栅尺应用较广泛。

任务分析

手动方式下，y 轴移动的信号流向示意图如图 2-2-5 所示，其中任何一个环节出现问题，都有可能导致机床 y 轴不动。

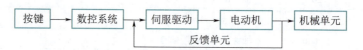

图 2-2-5　Y 坐标轴移动时信号流向示意图

1. 面板按键

如果手动按键失效，没有信号进入系统，则 y 轴肯定不动，y 轴按键及对应的 PMC 地址如图 2-2-6 所示。

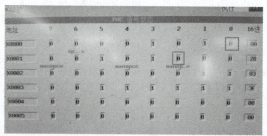

图 2-2-6　Y 轴按键及 PMC 地址

2. 数控系统

数控系统本身有故障（包含接口、参数和 PMC 程序等），没有信号输出肯定也会导致 y 轴不动。

3. 伺服驱动

首先是伺服驱动无法上电，其次是伺服驱动本身有故障（参数、硬件），也会导致 y 轴不动，y 轴伺服驱动控制接线图如图 2-2-7 所示。

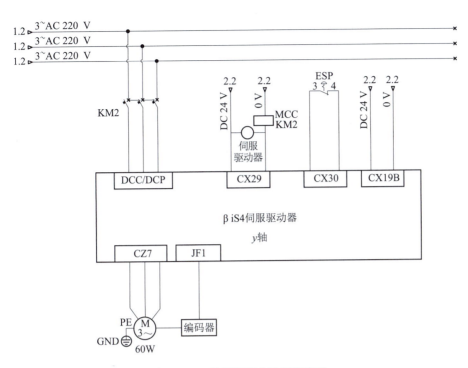

图 2-2-7　Y 轴伺服驱动控制接线图

4．伺服电动机

伺服电动机如果出现故障或卡死，工作台肯定不会动，伺服电动机示意图如图 2-2-8 所示。

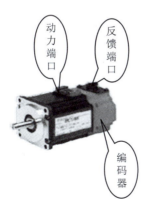

图 2-2-8　伺服电动机

5．反馈单元

编码器损坏也会导致机床不动。

6．机械单元

如果机械部分卡死或连接伺服电动机与工作台的联轴器松动等因素也会导致工作台不动。

7．各连接电缆

如果以上各单元之间连接电缆断线或者松脱，都会有可能导致 Y 轴不动。

● 视频

y轴不动故障维修

🔧 任务实施

以"y轴不动故障维修"任务为例,按照"检查—计划—诊断—维修—试机"五步故障维修工作法排除故障。

1. 检查

①发生故障的数控机床采用的是FANUC伺服驱动器。

②机床正常上电后,手动模式下,按y轴正/负向键,机床不动,按下x轴的按键,机床运行正常。

③多次操作,并利用手轮的方式下,故障依然存在。

2. 计划

根据对数控机床现场检查情况,进行团队会议,并填写工作单中的计划单、决策单和实施单。初步制订一下排除故障方案:

①由于按y轴正/负向按键,机床均没有动作,故按键损坏的可能性比较小,可通过手轮或者PMC查看数据地址确认。

②如果按键没有问题,可以检查y轴进给伺服系统相关电缆是否连接可靠。

③然后利用替换法鉴别故障到底是数控系统、伺服驱动还是伺服电动机(要对相应的参数进行修改)。

④最后判断是外部条件还是伺服电动机、伺服驱动器等本身出现故障,决定是否需要请求数控机床厂家来帮助。

3. 诊断

根据诊断思路,进行现场诊断,步骤如下:

①检查按键是否有效,可通过手轮方式或者是查看PMC状态,查看y轴方向地址是否有效,按下后是否由0变为1,经查看,均变为1,证明按键没有损坏,工作正常。

②检查y轴进给伺服系统相关电缆的连接,发现均无松动。

③在伺服驱动器上将两电动机动力线调换,相应反馈电缆也进行改变,但没有进行参数等调整,结果发现按下x轴按键,y轴仍然不动,而按y轴按键,x轴动,则可判断伺服驱动器没有问题,故障应是伺服电动机或者是机械部分。

④机床断电,断开伺服电动机与丝杠的连接,然后再上电,y轴电动机仍然不动,因此确定是伺服电动机本身故障。

4. 维修

更换一台与y轴同型号的伺服电动机。

5. 试机

将同型号的伺服电动机更换上后,调整相应的参数,重新上电,在手动方式下,y轴可以移动,故障排除。

进给故障维修工作单

●●●● 计 划 单 ●●●●

学习情境 2	主轴及进给轴故障维修		任务 2.2	进给轴故障维修工作单
工作方式	组内讨论、团结协作共同制订计划：小组成员进行工作讨论，确定工作步骤		计划学时	0.5 学时
完成人	1.　　　2.　　　3.　　　4.　　　5.　　　6.　　　…			
计划依据：①数控机床电气原理图；②教师分配的不同机床的故障现象				

序号	计划步骤	具体工作内容描述
1	准备工作（准备工具、材料，谁去做）	
2	组织分工（成立小组，人员具体都完成什么）	
3	现场记录（都记录什么内容）	
4	排除具体故障（怎么排除，排除故障前要做哪些准备）	
5	机床运行检查工作（谁去检查，都检查什么）	
6	整理资料（谁负责，整理什么）	
制订计划说明	（写出制订计划中人员为完成任务的主要建议或可以借鉴的建议，以及排除故障的具体实施步骤）	

●●● 决 策 单 ●●●

学习情境 2	主轴及进给轴故障维修		工作任务 2.2	进给故障维修工作单
决策学时			0.5 学时	

	小组成员	方案的可行性（维修质量）	排除故障合理性(加工时间)	方案的经济性（加工成本）	综合评价
	1				
	2				
	3				
方案对比	4				
	5				
	6				
	⋮				

决策评价	（排除主轴故障最佳方案是什么？最差方案是什么？描述清楚，做出最佳综合评价选择）

实 施 单

学习情境 2	主轴及进给轴故障维修	工作任务 2.2	进给故障维修工作单
实施方式	小组成员合作共同研讨确定实践的实施步骤	实施学时	1学时

序号	实施步骤	使用资源
1		
2		
3		
4		
5		
6		
⋮		

实施说明：

实施评语：

班级		组员签字		
教师签字		第　　组	组长签字		日期	

● ● ● 检 查 单 ● ● ● ●

学习情境 2	主轴及进给轴故障维修	任务 2.2	进给故障维修工作单
检查学时	课内 0.5 学时	第 组	
检查目的及方式	实施过程中教师监控小组的工作情况，如检查等级为不合格，小组需要整改，并拿出整改说明		

序号	检查项目	检查标准	检查结果分级 （在检查相应的分级框内划"√"）				
			优秀	良好	中等	合格	不合格
1	准备工作	资源已查到情况、材料准备完整性					
2	分工情况	安排合理、全面，分工明确方面					
3	工作态度	小组工作积极主动、全员参与方面					
4	纪律出勤	按时完成负责的工作内容、遵守工作纪律方面					
5	团队合作	相互协作、互相帮助、成员听从指挥方面					
6	创新意识	任务完成不照搬照抄，看问题具有独到见解和创新思维					
7	完成效率	工作单记录完整，按照计划完成任务					
8	完成质量	工作单填写准确，记录单检查及修改达标方面					
检查评语						教师签字：	

任务评价

1. 小组工作评价单

学习情境2	主轴及进给轴故障维修		任务2.2		进给故障维修工作单	
	评价学时			课内0.5学时		
班级			第　　组			
考核情境	考核内容及要求	分值（100）	小组自评（10%）	小组互评（20%）	教师评价（70%）	实得分（∑）
汇报展示（20）	演讲资源利用	5				
	演讲表达和非语言技巧应用	5				
	团队成员补充配合程度	5				
	时间与完整性	5				
质量评价（40）	工作完整性	10				
	工作质量	5				
	故障维修完整性	25				
团队情感（25）	核心价值观	5				
	创新性	5				
	参与率	5				
	合作性	5				
	劳动态度	5				
安全文明（10）	工作过程中的安全保障情况	5				
	工具正确使用和保养、放置规范	5				
工作效率（5）	能够在要求的时间内完成，每超时5 min扣1分	5				

2. 小组成员素质评价单

学习情境 2	主轴及进给轴故障维修	任务 2.2	进给故障维修工作单			
班级		第　　组		成员姓名		
评分说明	每个小组成员评价分为自评和小组其他成员评价两部分，取平均值计算，作为该小组成员的任务评价个人分数。评价项目共设计 5 个，依据评分标准给予合理量化打分。小组成员自评分后，要找小组其他成员不记名方式打分					
评分项目	评分标准	自评分	成员1评分	成员2评分	成员3评分	成员4评分	成员5评分
核心价值观（20分）	社会主义核心价值观的思想及行动方面						
工作态度（20分）	按时完成负责的工作内容，遵守纪律，积极主动参与小组工作，全过程参与，具有吃苦耐劳的工匠精神						
交流沟通（20分）	能良好地表达自己的观点，能倾听他人的观点						
团队合作（20分）	与小组成员合作完成任务，做到相互协作、互相帮助、听从指挥						
创新意识（20分）	看问题能独立思考，提出独到见解，能够运用创新思维解决遇到的问题						
最终小组成员得分							

课后反思

学习情境 2	主轴及进给轴故障维修	任务 2.2	进给故障维修工作单
班级		第　　组	成员姓名
情感反思	通过对本任务的学习和实训，你认为自己在社会主义核心价值观、职业素养、学习和工作态度等方面有哪些需要提高的地方		
知识反思	通过对本任务的学习，你掌握了哪些知识点？请画出思维导图		
技能反思	在完成本任务的学习和实训过程中，你主要掌握了哪些排故技能		
方法反思	在完成本任务的学习和实训过程中，你主要掌握了哪些分析和解决问题的方法		

思考与练习

一、单选题（只有1个正确答案）

1. 数控机床的（　　）是机床主体和数控装置的联系环节，是数控机床的重要组成部分。
   A. 伺服系统　　　　B. 辅助装置　　　　C. 控制介质　　　　D. 冷却装置

2. "救死扶伤"是（　　）。
   A. 医疗职业对医生的职业道德要求
   B. 医生对病人的道德责任
   C. 既是医疗职业对医生的职业道德要求又是医生对病人的道德责任
   D. 医生对病人的法律性责任

3. （　　）要求从业者自觉参与职业道德实践，养成在没有外力和无人监督的情况下也能履行职业义务、遵守职业纪律的习惯。
   A. 职业良心的时代性　　　　　　　　B. 职业良心的内隐性
   C. 职业良心的自育性　　　　　　　　D. 职业的良心的内敛性

4. （　　）环也称外环，其输入信号是计算机给出的指令和位置检测反馈的位置信号。
   A. 位置环　　　　B. 速度环　　　　C. 电流环　　　　D. 电压环

二、判断题（对的划"√"，错的划"×"）

1. 开环进给伺服系统的数控机床，其定位精度主要取决于伺服驱动元件和机床传动机构精度、刚度和动态特性。（　　）

2. 直线型检测元件有感应同步器、光栅、磁栅、激光干涉仪等。（　　）

3. 滚珠丝杠螺母副是回转运动与直线运动相互转换的传动装置，具有高效率、摩擦小、寿命长、能自锁等优点。（　　）

4. 数控机床伺服驱动系统的通电顺序是先加载伺服控制电源，后加载伺服主电源。（　　）

三、简答题

1. 简述伺服系统的组成？
2. 简述伺服系统的工作原理？
3. 简述伺服驱动系统连接方式？
4. 简述JF1与什么相连接，起什么作用？
5. 简述伺服放大器APC报警是什么含义？
6. 简述伺服放大器绝对脉冲编码器报警的电池是关机还是开机状态下进行更换？

学习情境 3
辅助系统故障维修

【情境导入】

为了保证数控机床的正常运行，提高加工生产率，数控机床一般都配有刀架、冷却、刀库、回转工作台、托盘、排屑、润滑和照明等辅助装置。某数控企业加工生产车间维修部接到一项数控机床维修任务，车间内一台数控车床能正常启机，主轴和进给轴都正常，但是出现了不能正常换刀和不出冷却液故障。维修人员需要根据其不同的故障现象，按照"检查—计划—诊断—维修—试机"五步故障维修工作法排除故障。

【学习目标】

知识目标
①描述电动刀架的工作过程；
②读懂刀架和冷却液控制 PLC 程序；
③阐述数控机床冷却液的控制流程；
④创构出数控机床刀架及冷却液故障的排除思路。

能力目标
①根据使用要求，设计出刀架和冷却液等辅助机构控制电气线路；
②编写刀架控制 PLC 程序；
③编写冷却液控制 PLC 程序；
④排除数控车床刀架和冷却液故障。

素质目标
①树立安全意识、成本意识、质量意识、创新意识，培养勇于担当、团队合作的职业素养；
②初步培养精益求精的工匠精神、劳动精神、劳模精神，在数控机床装调维修工作岗位做到"严谨认真、精准维修、吃苦耐劳、诚实守信"。

【工作任务】

任务 3.1　刀架故障维修　　　参考学时：课内 8 学时（课外 4 学时）
任务 3.2　冷却装置故障维修　　参考学时：课内 8 学时（课外 4 学时）

任务 3.1 刀架故障维修

任务工单

学习情境 3	辅助系统故障维修	任务 3.1		刀架故障维修	
任务学时		4 学时（课外 4 学时）			
布置任务					
工作目标	①能够描述电动刀架的工作过程； ②能设计刀架的电气电路； ③能构建出解决电动刀架故障的基本思路； ④能分析理解并设计刀架等辅助机构控制电气线路； ⑤能排除数控机床刀架类常见故障； ⑥能在完成任务过程中培养安全意识，锻炼职业素养，养成诚实守信的品质，树立团队意识，工匠精神，培养爱岗敬业精神和爱国情怀				
任务描述	某数控企业一台 FANUC 0i Mate 系统数控车床，配有四工位数控刀架，执行换刀指令后，刀架电动机转位不停，然后出现报警信息，如下图所示。请根据故障现象，按照"检查—计划—诊断—维修—试机"五步故障维修工作法排除故障 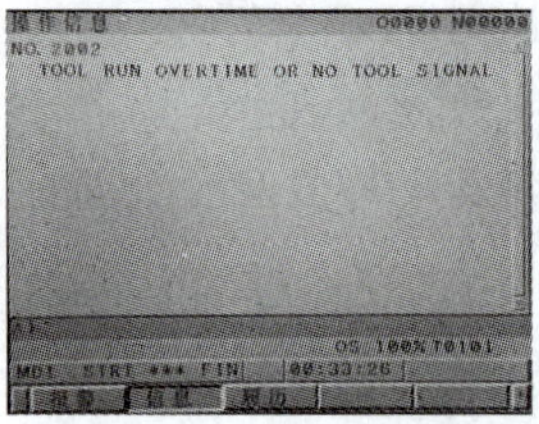 数控车床刀架不能正常工作故障现象				
学时安排	资讯	计划	决策	实施	检查	评价
	1 学时	0.5 学时	0.5 学时	1 学时	0.5 学时	0.5 学时
对学生学习及成果的要求	①学生具备数控机床电气原理图识读能力； ②严格遵守实训基地各项管理规章制度； ③严格遵守课堂纪律，学习态度认真、端正，能够正确评价自己和同学在本任务中的素质表现； ④每位同学必须积极参与小组工作，承担排故检查的相应劳动工作，做到能够积极主动不推诿，能够与小组成员合作完成工作任务； ⑤每位同学均须独立或在小组同学的帮助下完成排故过程中技能训练工作单的填写，并提请检查、签认，对提出的错误务必及时修改； ⑥每组必须完成排故任务并填写全部故障维修工作单，然后提请教师进行小组评价，小组成员分享小组评价分数或等级； ⑦每名同学均完成任务反思，以小组为单位提交				

学习导图

任务3.1 刀架故障维修

- 知识点
  - 电动刀架的机械结构及强电回路
  - 电动刀架的控制原理
  - 电动刀架的工作过程及刀位检测原理
- 技能点
  - 描述电动刀架的工作过程
  - 设计刀架控制电路
  - 根据故障现象和电气原理图，排除数控机床刀架类常见故障
- 素质融入点
  - 通过设计刀架控制电路，培养学生的创新精神和严谨工作态度
  - 通过刀架故障维修过程，培养学生安全意识、工匠精神、劳动精神，以及诚信友善的品质
  - 通过小组讨论排除故障方案的可行性分析，培养学生的团队合作精神，使学生树立良好的成本意识和质量意识

思政案例：中国载人航天技术硕果累累——爱国、敬业、自立自强、自力更生、自主创新。

学习笔记　课前自学

中国载人航天技术硕果累累

中国空间站又名天宫空间站，是中华人民共和国拥有的空间站系统。载人航天是世界上高新技术发展水平的集中体现，也是衡量一个国家综合国力的重要标志。十年来，我国载人航天关键技术不断突破，"太空家园"建设稳步推进中国航天取得的创新成果极大鼓舞了全国人民的创新热情，让世界看到了中国航天自力更生、自立自强，矢志高水平自主创新的决心。

2017年4月20日，我国第一艘货运飞船天舟一号发射升空，与在轨运行的天宫二号空间实验室完成首次"太空加油"，我国成为世界上第三个独立掌握这一关键技术的国家。2020年以来，我国先后成功实现长征五号B运载火箭首飞，圆满完成了中国空间站天和核心舱、问天实验舱，神舟载人飞船，天舟货运飞船发射等多次飞行任务，构建了一整套具有中国特色的空间站在轨飞控管理体系。神舟飞船一个又一个精密零件离不开数控加工技术，更离不开维修人员对数控机床的精密把控。

搜一搜 我国有哪些航天员进入过中国的空间站？哪些精神值得我们学习？

一、电动刀架的机械结构及强电回路

数控车床上使用的回转刀架是一种最简单的自动换刀装置，根据不同的使用对象，刀架可以设计为四方形、六角形或其他形状。根据形状的不同，回转刀架可分别安装四把、六把以及更多的刀具，并按数控装置发出的指令转位和换刀。

由于数控车床的切削加工精度在很大程度上取决于刀尖位置，而且在加工过程中刀尖位置不能进行人工调整，因此，回转刀架在结构上必须具有良好的强度和刚度以及合理的定位结构，以保证回转刀架在每一次转位后，具有尽可能高的重复定位精度。

1. 电动刀架的机械结构

如图 3-1-1 所示，为四工位电动刀架的机械结构，其一般由上刀体1、活塞销2、反靠盘3、定轴4、蜗轮5、下刀体6、蜗杆7、离合转盘8、霍尔元件9和磁钢10等组成。

2. 电动刀架控制的硬件连接

电动刀架控制的硬件连接如图 3-1-2 所示，主要由数控系统、操作面板、I/O 单元、中间继电器、接触器、

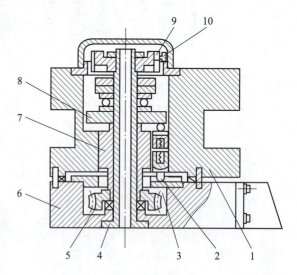

图 3-1-1　四工位电动刀架的机械结构
1—上刀体；2—活塞销；3—反靠盘；4—定轴；5—蜗轮；
6—下刀体　7—蜗杆；8—离合转盘；
9—霍尔元件；10—磁钢

刀架和检测元件组成。

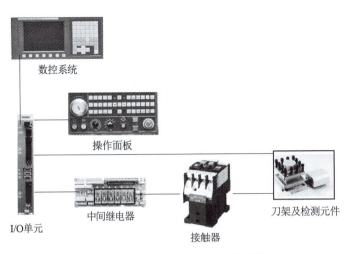

图 3-1-2　电动刀架控制的硬件连接

3. 电动刀架的强电回路

刀架采用 380 V 三相交流电源，首先合上总电源，当换刀开始后，接触器 KM2F 得电闭合，电动机带动刀架逆时针旋转，旋转到对应的刀位后，接触器 KM2F 失电，接触器 KM2R 得电，电动机带动刀架顺时针旋转锁紧，换刀结束，电动刀架的强电回路如图 3-1-3 所示。

二、电动刀架的控制原理

当选择的目标刀具完成后，机床刀架的当前刀位就会转换到目的刀具。电动刀架的控制原理图如图 3-1-4 所示，按下"刀位转换"键后，系统 PMC 输出一个刀架逆时针旋转信号 Y2.3，中间继电器 KA23 动合触点吸合，接触器 KM2F 线圈得电，主触点吸合，这时刀架电动机开始逆时针旋转，刀架开始反转；刀架在反向旋转的过程中不停地

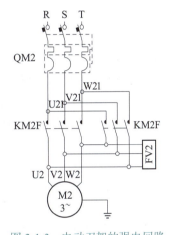

图 3-1-3　电动刀架的强电回路

对刀位输入信号进行检测，每把刀具各有一个霍尔位置检测开关，各刀具按顺序依次经过永久磁铁磁体的位置从而产生相应的刀位信号，当产生的刀位信号和目的刀位寄存器中的刀位一致的时候，PMC 认为所选刀具已经到位；刀具到位以后，刀架仍继续反向旋转一段时间，然后停止反向旋转（停止输出 Y2.3），延时一段时间后，刀具正转控制信号 Y2.4 有效，此时刀架开始正转，正转过程其实就是刀架锁紧的过程，此过程延续一段时间，直到刀架锁紧刀位，但反转时间不宜过长或过短。时间过长就有可能烧坏电动机或造成电动机过热跳闸，时间过短则有可能造成刀架不能够锁紧。刀架锁紧以后，整个换刀过程结束。

在控制刀架电动机转向时，需要 PMC 发出 Y2.3 输出信号，中间继电器 KA23 线圈得电，然后 KA23 触点闭合，接触器 KM2F 线圈得电，KM2F 主触点闭合，刀架电动机逆时针旋转。而当接触器 KM2R 主触点闭合时，则刀架电动机顺时针旋转。其工作过程与 KM2F 相同，当霍尔元件检测到所要选择的 T1 至 T4 的刀位信号时，PMC 就有相应的 X3.3、X3.4、X3.5、X3.6 信号输入，然后输出相应的 Y2.4 信号，最终可以驱动 KM2R 主

触点闭合，刀架电动机顺时针旋转，选中目标刀具。

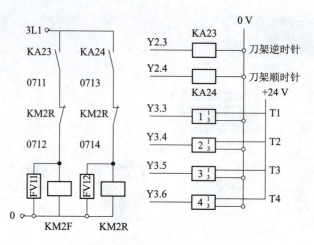

图 3-1-4　电动刀架的控制原理图

三、电动刀架的工作过程及刀位检测原理

1. 电动刀架的工作过程

四工位电动刀架正常情况下可以装四把刀，它是以脉冲电波的形式接收指令的，刀架内部一端带有蜗轮和蜗杆，刀架和底座接触面上各有一个端面齿轮和两个限位块，正常情况下两个端面齿轮处于啮合状态，底座上面装有电动机并有连轴蜗杆。当接收到换刀指令时，电动机反转，蜗杆带动蜗轮的同时，刀架蜗杆转动使刀架上升，两端面齿轮分离，当刀架升高到一定程度时，刀架连同刀架蜗杆一起旋转，旋转 90°后遇到限位块阻挡，在电动机受到阻力达到一定程度时开始正转，刀架自然下降并与底座端面齿轮啮合，限位块锁死，完成换刀。

2. 电动刀架的刀位检测原理

刀架在反向旋转的过程中不停地对刀位输入信号进行检测，电动刀架的刀位检测原理如图 3-1-5 所示，每把刀具各有一个霍尔位置检测开关 1。各刀具按顺时针依次经过永久磁铁 2 位置，从而产生相应的刀位信号。当产生的刀位信号和目的刀位寄存器中的刀位一致的时候，PMC 认为所选择刀具已经到位。

视　频

电动刀架的刀位检测原理

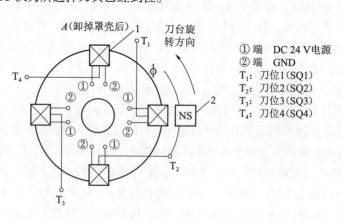

图 3-1-5　电动刀架的刀位检测原理

1—霍尔开关；2—永久磁铁

任务分析

由电动刀架换刀的过程和工作原理可以了解到,其不能正常换刀的故障成因如下:

①面板按键损坏失效,造成没有给出换刀信号导致没有换刀动作。

②信号控制回路线路连接松动或导线失效,造成继电器不得电,导致没有换刀动作。

③刀架控制回路中继电器损坏,无法正常工作或连接线路不正常,造成接触器不得电,导致没有换刀动作。

④刀架控制回路中接触器损坏无法正常工作或连接线路不正常,造成刀架电机不得电,导致没有换刀动作。

⑤刀架电动机驱动电源相序接反或刀架电动机正反转信号接反,造成刀架换刀方向反向,导致没有换刀动作。

⑥刀架电动机驱动电源缺相,造成刀架电动机无法正常工作,导致没有换刀动作。

⑦电动刀架机械部件损坏,造成传动系统卡死,导致没有换刀动作。

任务实施

以"刀架不能正常选刀故障维修"任务为例,按照"检查—计划—诊断—维修—试机"五步故障维修工作法排除故障。

1. 检查

①故障发生之前,机床换刀功能一直正常。

②本机床最近没有任何维修记录。

③自动方式下,刀架也不能正常换刀。

2. 计划

根据对数控机床现场检查情况,进行团队会议,并填写工作单中的计划单、决策单和实施单。刀架一直逆时针旋转,不能锁紧,直到超时找不到刀号报警,故障原因可能是在刀架正转信号给出后没有执行。

3. 诊断

通过监视 PMC 状态,我们发现在复位后重新执行换刀时,输出信号 Y2.3 有信号发出,而且此时与该信号相接的中间继电器 KA23 得电动作,但是驱动刀架逆时针旋转的接触器 KM2F 没有动作。关闭电源,利用万用表蜂鸣挡查看接触器线圈与中间继电器动合触点连通情况,经过检测发现,与该接触器线圈相连的线路松动虚接,出现断路。经修复后,刀架恢复正常逆时针运转。

检验正常选刀操作,其他刀位换刀正常,但是当换 2 号刀位时候,又出现刀架旋转不停,然后出现超时报警,说明刀塔没有收到 2 号刀位检测信号,查看系统 PMC 信号 X3.3、X3.4、X3.5、X3.6,同时 MDI 手动方式换刀,发现信号 X3.4 一直为 1,而 X3.3、X3.5、X3.6 是 1、0 之间变化的信号,说明刀位信号 X3.4 没有检测到,由此可以推测 X3.4 刀位信号断路。

4. 维修

打开刀架上盖,发现 2 号刀位上,线路断开,接上信号线。

5. 试机

当接上信号线后,重新利用程序自动换刀,刀架能正常选刀,故障排除。

刀架故障维修工作单

●●● 计 划 单 ●●●

学习情境 3	辅助系统故障维修		任务 3.1		刀架故障维修
工作方式	组内讨论、团结协作共同制订计划：小组成员进行工作讨论，确定工作步骤		计划学时		0.5 学时
完成人	1.　　2.　　3.　　4.　　5.　　6.　　…				

计划依据：①数控机床电气原理图；②教师分配的不同机床的故障现象

序号	计划步骤	具体工作内容描述
1	准备工作（准备工具、材料，谁去做）	
2	组织分工（成立小组，人员具体都完成什么）	
3	现场记录（都记录什么内容）	
4	排除具体故障（怎么排除，排除故障前要做哪些准备）	
5	机床运行检查工作（谁去检查，都检查什么）	
6	整理资料（谁负责，整理什么）	
制订计划说明	（写出制订计划中人员为完成任务的主要建议或可以借鉴的建议，以及排除故障的具体实施步骤）	

决 策 单

学习情境 3	辅助系统故障维修		工作任务 3.1		刀架故障维修
决策学时			0.5 学时		
方案对比	小组成员	方案的可行性（维修质量）	排除故障合理性(加工时间)	方案的经济性（加工成本）	综合评价
	1				
	2				
	3				
	4				
	5				
	6				
	⋮				
决策评价	（排除刀架故障最佳方案是什么？最差方案是什么？描述清楚，做出最佳综合评价选择）				

实 施 单

学习情境 3	辅助系统故障维修	工作任务 3.1	刀架故障维修
实施方式	小组成员合作共同研讨确定实践的实施步骤	实施学时	1 学时

序号	实施步骤	使用资源
1		
2		
3		
4		
5		
6		
⋮		

实施说明：

实施评语：

班级		组员签字	
教师签字		第　　组	组长签字		日期	

检 查 单

学习情境3	辅助系统故障维修	任务3.1	刀架故障维修
检查学时	课内0.5学时	第	组
检查目的及方式	实施过程中教师监控小组的工作情况，如检查等级为不合格，小组需要整改，并拿出整改说明		

序号	检查项目	检查标准	检查结果分级（在检查相应的分级框内划"√"）				
			优秀	良好	中等	合格	不合格
1	准备工作	资源已查到情况、材料准备完整性					
2	分工情况	安排合理、全面，分工明确方面					
3	工作态度	小组工作积极主动、全员参与方面					
4	纪律出勤	按时完成负责的工作内容、遵守工作纪律方面					
5	团队合作	相互协作、互相帮助、成员听从指挥方面					
6	创新意识	任务完成不照搬照抄，看问题具有独到见解和创新思维					
7	完成效率	工作单记录完整，按照计划完成任务					
8	完成质量	工作单填写准确，记录单检查及修改达标方面					
检查评语					教师签字：		

任务评价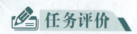

1. 小组工作评价单

学习情境 3	辅助系统故障维修		任务 3.1		刀架故障维修	
评价学时			课内 0.5 学时			
班级			第　　组			
考核情境	考核内容及要求	分值（100）	小组自评（10%）	小组互评（20%）	教师评价（70%）	实得分（∑）
汇报展示（20）	演讲资源利用	5				
	演讲表达和非语言技巧应用	5				
	团队成员补充配合程度	5				
	时间与完整性	5				
质量评价（40）	工作完整性	10				
	工作质量	5				
	故障维修完整性	25				
团队情感（25）	核心价值观	5				
	创新性	5				
	参与率	5				
	合作性	5				
	劳动态度	5				
安全文明（10）	工作过程中的安全保障情况	5				
	工具正确使用和保养、放置规范	5				
工作效率（5）	能够在要求的时间内完成，每超时 5 min 扣 1 分	5				

2. 小组成员素质评价单

学习情境 3		辅助系统故障维修	任务 3.1		刀架故障维修			
班级			第　　组	成员姓名				
评分说明		每个小组成员评价分为自评和小组其他成员评价两部分，取平均值计算，作为该小组成员的任务评价个人分数。评价项目共设计5个，依据评分标准给予合理量化打分。小组成员自评分后，要找小组其他成员不记名方式打分						
评分项目	评分标准	自评分	成员1评分	成员2评分	成员3评分	成员4评分	成员5评分
核心价值观（20分）	社会主义核心价值观的思想及行动方面						
工作态度（20分）	按时完成负责的工作内容，遵守纪律，积极主动参与小组工作，全过程参与，具有吃苦耐劳的工匠精神						
交流沟通（20分）	能良好地表达自己的观点，能倾听他人的观点						
团队合作（20分）	与小组成员合作完成任务，做到相互协作、互相帮助、听从指挥						
创新意识（20分）	看问题能独立思考，提出独到见解，能够运用创新思维解决遇到的问题						
最终小组成员得分							

课后反思

学习情境 3	辅助系统故障维修	任务 3.1	刀架故障维修
班级		第　　组	成员姓名
情感反思	通过对本任务的学习和实训，你认为自己在社会主义核心价值观、职业素养、学习和工作态度等方面有哪些需要提高的地方		
知识反思	通过对本任务的学习，你掌握了哪些知识点？请画出思维导图		
技能反思	在完成本任务的学习和实训过程中，你主要掌握了哪些排故技能		
方法反思	在完成本任务的学习和实训过程中，你主要掌握了哪些分析和解决问题的方法		

思考与练习

一、单选题（只有1个正确答案）

1. 在数控程序中，"G00"指令用于命令刀具快速到位，但是在应用时（   ）。
   A. 必须有地址指令
   B. 不需要地址指令
   C. 地址指令可有可无
   D. 视程序情况而定

2. "救死扶伤"是（   ）。
   A. 医疗职业对医生的职业道德要求
   B. 医生对病人的道德责任
   C. 既是医疗职业对医生的职业道德要求又是医生对病人的道德责任
   D. 医生对病人的法律性责任

3. 安全文化的核心是树立（   ）的价值观念，真正做到"安全第一，预防为主"。
   A. 以产品质量为主   B. 以经济效益为主
   C. 以人为本   D. 以管理为主

4. 四工位电动刀架正常情况下可以装（   ）把刀，它是以脉冲电波的形式接收指令的，刀架内部一端带有蜗轮和蜗杆。
   A. 2   B. 3   C. 4   D. 5

二、判断题（对的划"√"，错的划"×"）

1. 数控车床卧式四工位电动刀架在换刀过程中，当上刀体已旋转到所选刀位时，换刀电动机反转，完成精确定位。（   ）

2. 利用数控车床对零件进行车削内螺纹的时候，所用刀具加工的顺序是麻花钻—中心钻—内孔车刀（镗刀）—丝锥。（   ）

三、简答题

1. 简述电动刀架的机械结构？
2. 电动刀架控制的硬件连接？
3. 简述电动刀架的强电控制回路组成？
4. 简述电动刀架的控制原理？
5. 电动刀架的工作过程？
6. 电动刀架的刀位检测原理？

任务 3.2　冷却装置故障维修

任务工单

学习情境 3	辅助系统故障维修		任务 3.2		冷却装置故障维修	
任务学时			4 学时（课外 4 学时）			
布置任务						
工作目标	①能够描述数控机床冷却装置液压回路的组成； ②能够编写出冷却液控制 PLC 程序； ③能构建出解决冷却故障的基本思路； ④能分析理解并设计冷却等辅助机构控制电气线路； ⑤能排除数控机床冷却装置常见故障； ⑥能在完成任务过程中培养安全意识，锻炼职业素养，养成诚实守信的品质，树立团队意识，工匠精神，培养爱岗敬业精神和爱国情怀					
任务描述	某企业数控车间内一台配置 FANUC 0i Mate 数控系统数控铣床，按下"冷却"键，无冷却液喷出，如下图所示。请根据故障现象，按照"检查—计划—诊断—维修—试机"五步故障维修工作法排除故障  数控铣床冷却装置不能正常工作故障现象					
学时安排	资讯	计划	决策	实施	检查	评价
	1 学时	0.5 学时	0.5 学时	1 学时	0.5 学时	0.5 学时
对学生学习及成果的要求	①学生具备数控机床电气原理图识读能力； ②严格遵守实训基地各项管理规章制度； ③严格遵守课堂纪律，学习态度认真、端正，能够正确评价自己和同学在本任务中的素质表现； ④每位同学必须积极参与小组工作，承担排故检查的相应劳动工作，做到能够积极主动不推诿，能够与小组成员合作完成工作任务； ⑤每位同学均须独立或在小组同学的帮助下完成排故过程中技能训练工作单的填写，并提请检查、签认，对发现的错误务必及时修改； ⑥每组必须完成排故任务并填写全部故障维修工作单，然后提请教师进行小组评价，小组成员分享小组评价分数或等级； ⑦每名同学均完成任务反思，以小组为单位提交					

学习导图

任务 3.2 冷却装置故障维修

- **知识点**
  - 数控机床冷却系统的概述
  - 冷却液控制的PMC
  - 冷却装置的常见故障

- **技能点**
  - 描述数控机床冷却装置液压回路的组成
  - 设计并编写出冷却液控制的PLC程序
  - 根据故障现象和电气原理图，排除冷却装置常见故障

- **素质融入点**
  - 通过设计并编写冷却液控制PLC程序，培养学生的创新精神和严谨工作的态度
  - 通过冷却装置故障维修过程，培养学生安全意识、工匠精神、劳动精神，以及诚信友善的品质
  - 通过小组讨论排除故障方案的可行性分析，培养学生的团队合作精神，使学生树立良好的成本意识和质量意识

思政案例：数控机床开启航天强国新征程——民族自信、爱国情怀和创新意识。

数控机床开启航空航天强国新征程

搜一搜 航空航天产品的加工特点？航空航天设备零件加工与数控技术的关系？我国航空航天产业的发展状况。

一、数控机床冷却系统的概述

数控机床进行机械切削加工时，为了保证刀具的耐用度，保证零件的加工质量，尤其是在进行高温热加工时，必须对刀具和工件进行冷却，冷却过程如图 3-2-1 所示。冷却系统工作可靠性关系到加工的质量和稳定性。数控机床冷却系统一般受相关的 PMC 程序的控制，由电气部分驱动冷却泵电动机工作。有手动（操作面板上的按键）和自动（M）指令两种方式。

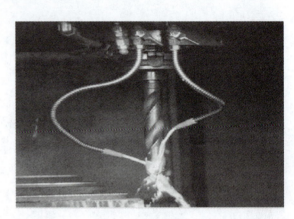

图 3-2-1 冷却过程

1. 数控机床冷却系统液压回路组成

数控机床的冷却系统是由冷却泵、水管、电动机及控制元件等组成。冷却系统液压控制回路如图 3-2-2 所示。冷却泵安装在机床底座的内腔里，是整个冷却系统的动力元件，冷却液从底座经冷却泵、各种控制元件，通过水管到达喷嘴，从喷嘴喷出，对切削部分进行冷却。冷却系统的核心是冷却电动机，如图 3-2-3 所示，冷却电动机及其控制的正常运转是冷却系统正常工作的基础。

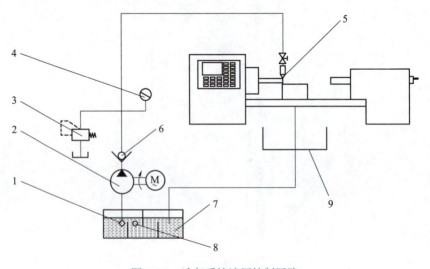

图 3-2-2 冷却系统液压控制回路

1—过滤器；2—液压泵；3—溢流阀；4—压力表；5—工件；
6—单向阀；7—切削液；8—液位指示计；9—切削液收集装置

图 3-2-3　冷却电动机

2. 冷却泵电动机电气控制组成

冷却泵电动机电气控制系统的硬件组成如图 3-2-4 所示，其主要由空气开关、接触器、冷却泵电动机、中间继电器和数控系统组成。

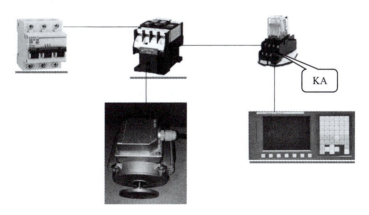

图 3-2-4　冷却泵电动机电气控制系统的硬件组成

（1）冷却泵电动机电气系统主电路

冷却系统中冷却泵电动机电气系统主电路如图 3-2-5 所示，主电路包括常用低压断路器 QF4 和接触器 KM4。

（2）冷却泵电动机电气系统控制电路

冷却系统中冷却泵电动机电气系统控制电路如图 3-2-6 所示，从控制电路电气原理图中可以看出，冷却泵电动机通电的流程为：按下"冷却"键或编程 M08 指令后，PMC 梯形图有 Y2.3 指令输出→中间继电器 KA6 通电→接触器 KM4 线圈得电→接触器 KM4 主触点闭合→电动机通电。

二、冷却液控制的 PMC 程序

1. 数控机床 PMC 的作用

数控机床作为自动控制设备，所受控制可分为两类：一类是最终实现对各坐标轴运动进行的"数字控制"，即控制机床各坐标轴的移动距离，各轴运行的插补和补偿等；另一类是"顺序控制"，即在数控机床运行过程中，以 CNC 内部和机床各行程开关、传感器、按钮和继电器等开关量信号状态为条件，按照预先规定的逻辑顺序对诸如主轴的起、停与换向、刀具的更换、工件的夹紧与松开，液压、冷却和润滑系统的运行等进行的控制。

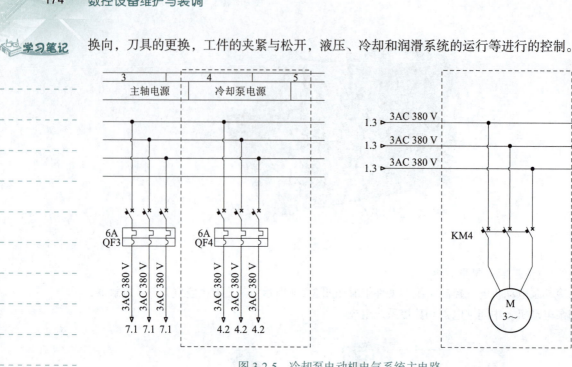

图 3-2-5 冷却泵电动机电气系统主电路

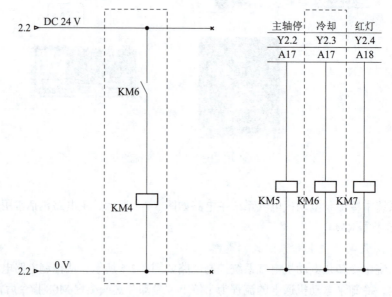

图 3-2-6 冷却泵电动机电气系统控制电路

2. 冷却液控制的 PMC 程序

冷却液控制的 PMC 程序要求：可以通过机床控制面板的控制按键启动或停止冷却，也可以在自动或 MDI 方式下利用 M07 或 M08 启动冷却、以 M09 停止冷却。在急停和冷却泵电动机过载等情况下终止冷却液输出，并在冷却泵电动机过载情况下，以 PMC 程序的形式发出报警。

（1）程序识读要点

①输入：手动按键地址；M 指令译码。

②输出：接触器对应 Y 地址；面板上冷却液状态显示灯；过载报警。

（2）PMC 程序解读

① M 指令译码。M08 和 M09 指令译码 PMC 控制梯形图如图 3-2-7 所示。若正在执行数控加工指令程序中的指令 M08 指令，CNC 首先以二进制代码形式把 M 代码信号 00001000 输出到 PMC 代码寄存器 F10 中。经过 M 代码延时时间 TMF（由系统参数 No.3010 设定）后，CNC 向 PMC 发出 M 指令选通信号 MF。当 MF 信号（F0007.0）为 1，系统分配结束指令 DEN（F0001.3）为 1，即 PMC 接收到 M 指令选通信号 MF 时，执行二进制译码指令 DECB，此时 F10 中的内容为二进制 M 代码 00001000，M08 译码信号 DM08（R003.5）为 1，并输出有效，PMC 利用该信号进行开切削液控制。同理输出 M09 译码信号 DM09（R003.6）为 1，并输出有效，PMC 利用该信号进行关切削液控制。

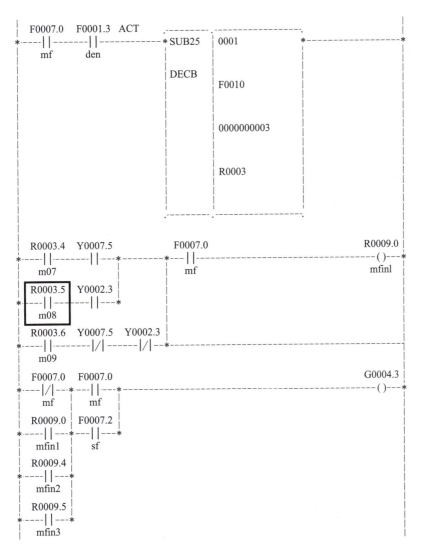

图 3-2-7　M08 和 M09 指令译码 PMC 控制梯形图

当满足正在执行 M08 指令，即 M08 信号（R003.5）为 1，同时开切削液命令输出有效，即 PMC 输出信号（Y2.3）为 1 时，满足 M08 指令执行结束条件，当 R0009.0 为 1，同时 MF（F0007.0）为 1 时，结束信号 FIN（G0004.3）输出有效。当 CNC 接收到结束信号 FIN 后，经过结束延时时间 TFIN（由系统参数 No.3011 设定），先切断 M 指令选通信号 MF，再切断结束信号 FIN，然后切断 M 代码输出信号，M08 指令执行结束，CNC 读取下一条指令后继续执行。

②手动冷却液输入、输出程序。手动冷却液输入、输出程序如图 3-2-8 所示。

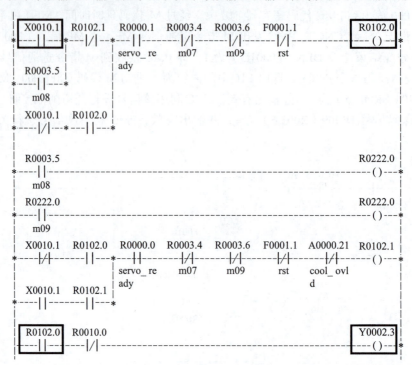

图 3-2-8　手动冷却液输入、输出程序

（3）手动冷却液输入、输出程序 PMC 执行过程

当按下【冷却】按键后，手动冷却液输入信号如图 3-2-9 所示，PLC 输入程序中 X10.1 由 0 变为 1，当所有其他触点都准备好后，Y2.3 就有输出，然后控制电路中继电器 KA6 通电，完成冷却液的开启功能。

图 3-2-9　手动冷却液输入信号

（4）冷却泵电动机过载报警时输出的 PMC 程序

冷却泵电动机过载报警时输出的 PMC 程序如图 3-2-10 所示。

图 3-2-10　冷却泵电动机过载报警时输出的 PMC 程序

三、冷却装置的常见故障

数控机床冷却装置常见故障见表 3-2-1。

表 3-2-1 数据机床冷却装置常见故障

序号	故障现象	检测方法	处理办法
1	液位报警	系统页面报警显示	1. 在查明泄漏点和回液不畅通的原因后，及时加入适量切削液，消除报警； 2. 液位检测开关及回路故障
2	不出切削液	目测	1. 检测切削液泵的电动机是否正常工作，控制电路是否正常； 2. 泵体是否有泄漏，连接件是否松动； 3. 冷却泵过滤网是否堵塞，液位是否达标； 4. 管路、接头是否出现破裂、松动等； 5. 电磁阀控制回路是否正常； 6. 外冷却开关电磁阀工作是否正常
3	电动机泵体漏液	目测	1. 切削液泵体本身质量是否有问题； 2. 查找切削液进入泵体的原因，及时清理切削液箱和泵体
4	外冷却压力不足	目测刀具磨损程度、零件加工精度	1. 电动机是否在断相的状态下工作； 2. 是否因为切屑或其他原因导致非正常运转、漏液，导致压力不达标； 3. 切削液箱回流不畅，液面不理想，管路、接头是否破裂或松动； 4. 切削液是否有品质问题

任务分析

手动冷却时，根据数控机床的动作过程，当我们按下【冷却】键，信号输入到机床上的 PMC，当其他条件都满足时，PMC 有输出信号，继电器通电，接触器通电，电动机通电旋转，然后驱动冷却泵，冷却液喷出。

因此在手动冷却过程中，任何一个环节出现问题都不能够实现冷却液的顺利喷出，其可能的主要故障原因有：

①【冷却】按键失效；
②系统损坏；
③ PMC 程序错误；
④控制线路故障；
⑤主电路故障；
⑥冷却泵电动机故障；
⑦冷却管道故障。

任务实施

以"冷却装置不能正常工作故障维修"任务为例，按照"检查—计划—诊断—维修—试机"五步故障维修工作法排除故障。

1. 检查

①故障发生之前，机床冷却功能一直正常。

视频
冷却装置不能正常工作故障维修

②本机床最近没有任何维修记录。

③自动方式下,冷却液也无法喷出。

2. 计划

根据对数控机床现场检查情况,进行团队会议,并填写工作单中的计划单、决策单和实施单。诊断思路如图 3-2-11 所示。

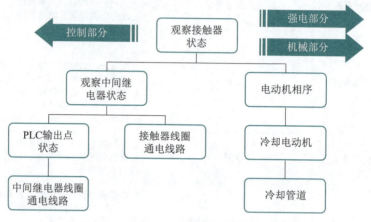

图 3-2-11 诊断思路

3. 诊断

根据诊断思路,进行现场诊断,步骤如下:

①查看电气原理图,确定控制冷却泵电动机接触器为 KM4,打开电气柜门,按下【冷却】键,查看接触器 KM4 状态,如图 3-2-12 所示,发现接触器 KM4 没有吸合。

②查看中间继电器 KA6 的状态,灯亮表示继电器线圈已通电,如图 3-2-12 所示。

③关闭总电源,用万用表查看继电器触点到接触器线圈的连接情况,万用表显示是 1,是断路状态,发现接触器线圈线头松脱现象,判断故障就出现在这里。

图 3-2-12 接触器 KM4 和继电器 KA6 状态

4. 维修

用螺丝刀把线头接上。

5. 试机

重新上电,冷却液正常喷出,故障排除。

冷却装置故障维修工作单

● ● ● 计 划 单 ● ● ●

学习情境 3	辅助系统故障维修		任务 3.2	冷却装置故障维修
工作方式	组内讨论、团结协作共同制订计划：小组成员进行工作讨论，确定工作步骤		计划学时	0.5 学时
完成人	1.　　2.　　3.　　4.　　5.　　6.　　…			
计划依据：①数控机床电气原理图；②教师分配的不同机床的故障现象				

序号	计划步骤	具体工作内容描述
1	准备工作（准备工具、材料，谁去做）	
2	组织分工（成立小组，人员具体都完成什么）	
3	现场记录（都记录什么内容）	
4	排除具体故障（怎么排除，排除故障前要做哪些准备）	
5	机床运行检查工作（谁去检查，都检查什么）	
6	整理资料（谁负责，整理什么）	
制订计划说明	（写出制订计划中人员为完成任务的主要建议或可以借鉴的建议，以及排除故障的具体实施步骤）	

学习笔记

决 策 单

学习情境 3	辅助系统故障维修		任务 3.2	冷却装置故障维修
决策学时			0.5 学时	

	小组成员	方案的可行性（维修质量）	排除故障合理性(加工时间)	方案的经济性（加工成本）	综合评价
方案对比	1				
	2				
	3				
	4				
	5				
	6				
	⋮				

决策评价	（排除冷却故障最佳方案是什么？最差方案是什么？描述清楚，做出最佳综合评价选择）

实 施 单

学习情境 3	辅助系统故障维修		任务 3.2	冷却装置故障维修
实施方式	小组成员合作共同研讨确定实践的实施步骤		实施学时	1 学时
序号	实施步骤			使用资源
1				
2				
3				
4				
5				
6				
⋮				

实施说明：

实施评语：

班级		组员签字		
教师签字		第　　组	组长签字	日期

●●● 检 查 单 ●●●

学习情境 3	辅助系统故障维修		任务 3.2		冷却装置故障维修	
检查学时	课内 0.5 学时			第　　组		
检查目的及方式	实施过程中教师监控小组的工作情况，如检查等级为不合格，小组需要整改，并拿出整改说明					
序号	检查项目	检查标准	检查结果分级 （在检查相应的分级框内划"√"）			
			优秀	良好	中等	合格	不合格
1	准备工作	资源已查到情况、材料准备完整性					
2	分工情况	安排合理、全面，分工明确方面					
3	工作态度	小组工作积极主动、全员参与方面					
4	纪律出勤	按时完成负责的工作内容、遵守工作纪律方面					
5	团队合作	相互协作、互相帮助、成员听从指挥方面					
6	创新意识	任务完成不照搬照抄，看问题具有独到见解和创新思维					
7	完成效率	工作单记录完整，按照计划完成任务					
8	完成质量	工作单填写准确，记录单检查及修改达标方面					
检查评语					教师签字：	

任务评价

1. 小组工作评价单

学习情境 3	辅助系统故障维修		任务 3.2		冷却装置故障维修	
评价学时			课内 0.5 学时			
班级			第 组			
考核情境	考核内容及要求	分值（100）	小组自评（10%）	小组互评（20%）	教师评价（70%）	实得分（∑）
汇报展示（20）	演讲资源利用	5				
	演讲表达和非语言技巧应用	5				
	团队成员补充配合程度	5				
	时间与完整性	5				
质量评价（40）	工作完整性	10				
	工作质量	5				
	故障维修完整性	25				
团队情感（25）	核心价值观	5				
	创新性	5				
	参与率	5				
	合作性	5				
	劳动态度	5				
安全文明（10）	工作过程中的安全保障情况	5				
	工具正确使用和保养、放置规范	5				
工作效率（5）	能够在要求的时间内完成，每超时 5 min 扣 1 分	5				

2. 小组成员素质评价单

学习情境 3	辅助系统故障维修		任务 3.2		冷却装置故障维修		
班级		第　　组		成员姓名			
评分说明	每个小组成员评价分为自评和小组其他成员评价两部分，取平均值计算，作为该小组成员的任务评价个人分数。评价项目共设计 5 个，依据评分标准给予合理量化打分。小组成员自评分后，要找小组其他成员以不记名方式打分						
评分项目	评分标准	自评分	成员1评分	成员2评分	成员3评分	成员4评分	成员5评分
核心价值观（20分）	社会主义核心价值观的思想及行动方面						
工作态度（20分）	按时完成负责的工作内容，遵守纪律，积极主动参与小组工作，全过程参与，具有吃苦耐劳的工匠精神						
交流沟通（20分）	能良好地表达自己的观点，能倾听他人的观点						
团队合作（20分）	与小组成员合作完成任务，做到相互协作、互相帮助、听从指挥						
创新意识（20分）	看问题能独立思考，提出独到见解，能够运用创新思维解决遇到的问题						
最终小组成员得分							

课后反思

学习情境 3	辅助系统故障维修		任务 3.2	冷却装置故障维修
班级		第　　组		成员姓名
情感反思	通过对本任务的学习和实训，你认为自己在社会主义核心价值观、职业素养、学习和工作态度等方面有哪些需要提高的地方			
知识反思	通过对本任务的学习，你掌握了哪些知识点？请画出思维导图			
技能反思	在完成本任务的学习和实训过程中，你主要掌握了哪些排故技能			
方法反思	在完成本任务的学习和实训过程中，你主要掌握了哪些分析和解决问题的方法			

思考与练习

一、单选题（只有1个正确答案）

1. 流量控制阀包括（　　）。
   A. 必须有地址指令
   B. 不需要地址指令
   C. 地址指令可有可无
   D. 视程序情况而定

2. 企业文化的核心是（　　）。
   A. 企业价值观　　　　　　　B. 企业目标
   C. 企业形象　　　　　　　　D. 企业经营策略

3. 数控机床的冷却系统是由（　　）、水管、电动机及控制元件等组成。
   A. 冷却泵　　　　　　　　　B. 气泵
   C. 空压机　　　　　　　　　D. 油雾器

4. 表示冷却液关闭的指令是（　　）。
   A. M06　　　　B. M07　　　　C. M08　　　　D. M09

二、判断题（对的划"√"，错的划"×"）

1. 油液的黏度随温度变化，温度越高，油液的黏度越大；反之，温度越低，油液的黏度越小。（　）
2. 数控机床长期不使用时，冷却液可以一直放在那不用管。（　）
3. 数控机床的保养必须贯彻"养修并重，预防为主"的原则，做到定期保养、强制进行，正确处理使用、保养和修理的关系，不允许只用不养，只修不养。（　）
4. 在设计PLC的梯形图时，在每一逻辑行中，并联触点多的支路应放在左边。（　）

三、简答题

1. 简述数控机床加工中冷却的作用？
2. 简述数控机床冷却系统液压回路组成？
3. 简述冷却泵电动机电气控制组成？
4. 简述数控机床中PMC的作用？
5. 简述如何识读冷却液控制的PMC程序？
6. 简述手动冷却方式下数控机床的冷却过程？

学习情境 4

数控机床装调与精度检测

【情境导入】

某数控企业加工生产车间数控机床正常使用三年后，扩大企业规模搬进了新厂房，其中一台数控机床在加工零件时，出现零件加工精度超差的故障现象，机床没有任何报警。企业新购置和维修后的数控机床必须要进行安装调试和机床精度的检测过程，因此，需要根据不同的故障现象，依照国家对数控机床的安装调试和数控机床精度检测标准，按照"检查—计划—诊断—维修—试机"五步故障维修工作法排除故障。

【学习目标】

知识目标：
①描述出数控机床安装、调试的步骤；
②列举出数控机床安装、调试的方法；
③阐述 ISO、GB 标准中常见数控机床几何精度检测项目；
④创构出数控机床零件加工精度超差的故障排除思路。

能力目标：
①根据数控机床调试验收的国家标准及行业标准对机床进行调试；
②根据数控机床调试验收的基本流程对新机床或维修的机床进行调试和验收；
③利用常用检测工具检测数控机床几何精度；
④解决加工零件精度超差的故障现象。

素质目标：
①树立安全意识、成本意识、质量意识、创新意识，培养勇于担当、团队合作的职业素养；
②初步培养精益求精的工匠精神、劳动精神、劳模精神，在数控机床装调维修工作岗位做到"严谨认真、精准维修、吃苦耐劳、诚实守信"。

【工作任务】

任务4.1　数控机床的安装调试　　　参考学时：课内4学时（课外4学时）
任务4.2　数控机床精度检测　　　　参考学时：课内4学时（课外4学时）

任务 4.1　数控机床安装调试

任务工单

学习情境 4	数控机床的装调与精度检测		任务 4.1		数控机床的安装调试
任务学时			4 学时（课外 4 学时）		
布置任务					
工作目标	①能描述数控机床安装、调试的步骤和常用的方法； ②能根据数控机床调试验收的国家标准及行业标准对机床进行调试； ③能根据数控机床调试验收的基本流程对新机床或维修的机床进行调试和验收； ④能排除零件平面的加工精度超差故障； ⑤能在完成任务过程中培养安全意识，锻炼职业素养，养成诚实守信的品质，树立团队意识，工匠精神，培养爱岗敬业精神和爱国情怀				
任务描述	某企业一台数控铣床，配有 FANUC 0i Mate 数控系统，设备正常使用三年后搬进新厂房，在加工零件时，出现零件平面的加工精度超差的故障现象，机床没有任何报警，如下图所示。请根据故障现象，按照"检查—计划—诊断—维修—试机"五步故障维修工作法排除故障 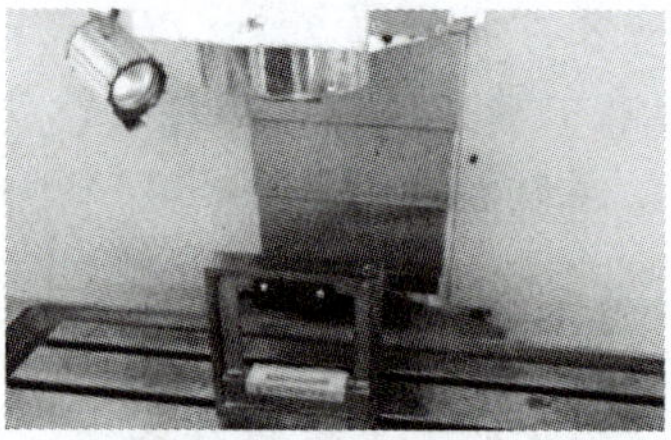 零件平面加工精度超差故障现象				
学时安排	资讯	计划	决策	实施	检查	评价
	1 学时	0.5 学时	0.5 学时	1 学时	0.5 学时	0.5 学时
对学生学习及成果的要求	①学生具备数控机床电气原理图识读能力； ②严格遵守实训基地各项管理规章制度； ③严格遵守课堂纪律，学习态度认真、端正，能够正确评价自己和同学在本任务中的素质表现； ④每位同学必须积极参与小组工作，承担排故检查的相应劳动工作，做到能够积极主动不推诿，能够与小组成员合作完成工作任务； ⑤每位同学均须独立或在小组同学的帮助下完成排故过程中技能训练工作单，并提请检查、签认，对发现的错误务必及时修改； ⑥每组必须完成排故任务并填写全部故障维修工作单，然后提请教师进行小组评价，小组成员分享小组评价分数或等级； ⑦每名同学均完成任务反思，以小组为单位提交				

学习情境 4　数控机床装调与精度检测

学习导图

任务4.1 数控机床的安装调试

- **知识点**
  - 数控机床的安装
  - 数控机床的调试
  - 数控机床的验收

- **技能点**
  - 描述数控机床安装、调试的步骤和常用的方法
  - 根据数控机床调试验收的国家标准及行业标准对机床进行调试
  - 排除零件平面的加工精度超差故障

- **素质融入点**
  - 通过数控机床安装调整，培养学生的安全意识和严谨工作态度
  - 通过零件平面的加工精度超差故障维修过程，培养学生安全意识、工匠精神，培养学生的团队合作精神，使学生树立良好的成本意识和质量意识
  - 通过小组讨论排除故障方案的可行性分析，培养学生的团队合作精神，以及诚信友善的品质

> 思政案例：航天领域或大国工匠的匠心瞬间——责任担当、爱岗敬业、工匠精神、创新精神和爱国情怀。

航天领域大国工匠

搜一搜 我国在航空航天领域有哪些大国工匠？他们在各自的岗位上有哪些贡献和技能？

一、数控机床的安装

数控机床的安装就是按照安装的技术要求将机床固定在基础上，以具有确定的坐标位置和稳定的运行性能。

1. 数控机床本体的安装

在数控机床到达之前，用户应按机床制造厂家提供的机床基础图做好安装准备，在安装地脚螺栓的部位做好预留孔。当数控机床运到后，调试人员把机床部件运至安装场地，按说明书中的介绍把组成机床的各大部件分别在地基上就位。就位时，垫铁、调整垫块和地脚螺栓等要对号入座，然后把机床各部件组装成整机，部件组装完成后进行电缆、油管和气管的连接。机床说明书中有电气接线图和气、液压管路图，应据此把有关电缆和管道按标记一一对号接好。

此阶段注意事项如下：

①机床拆箱后首先找到配套的文件资料，找出机床装箱单，按照装箱单清点各包装箱内零部件、电缆、资料等是否齐全。

②机床各部件组装前，首先去除安装连接面、导轨和各运动面上的防锈涂料，做好各部件外表清洁工作。

③连接时特别要注意清洁工作和可靠的接触及密封，并检查有无松动和损坏。电缆插上后一定拧紧紧固螺钉，保证接触可靠。油管、气管连接中要特别防止异物从接口中进入管路，造成整个液压系统故障，管路连接时每个接头都要拧紧。电缆和管路连接完毕后，要做好各管线的就位固定及防护罩壳的安装，保证外观整齐。

2. 数控系统的连接

①数控系统的开箱检查。无论是单个购入的数控系统还是机床整机配套购入的数控系统，到货开箱后都应进行仔细检查。检查包括系统本体和与之配套的进给速度控制单元的伺服电动机、主轴控制单元和主轴电动机。

②外部电缆的连接。外部电缆连接是指数控系统与外部 MDI/CRT 单元、强电柜、机床操作面板、进给伺服电动机动力线与反馈线、主轴电动机动力线与反馈线的连接及与手摇脉冲发生器等的连接。应使这些电缆符合配套提供的连接手册的规定，最后应进行地线连接。

③数控系统电源线的连接。在切断数控柜电源开关的情况下连接数控系统电源的输入电缆。

④设定的确认。数控系统内的印制电路板上有许多用跨接线短路的设定点，需要对其

适当设定以适应各种型号机床的不同要求。

⑤输入电源电压、频率及相序的确认。各种数控系统内部都有直流稳压电源，为系统提供所需要的 5 V、24 V 等直流电压。因此，在系统通电前，应检查这些电压的负载是否有对地短路现象，可用万用表来确认。

⑥确认直流电源单元的电压输出端是否对地短路。

⑦接通数控柜电源，检查各输出电压。在接通电源之前，为了确保安全，可先将电动机动力线断开。接通电源之后，首先检查数控柜中各个风扇是否旋转，以此确认电源是否已接通。

⑧确认数控系统中各参数的设定。

⑨确认数控系统与机床侧的接口。完成上述步骤，可以认为数控系统已经调整完毕，具备了与机床联机通电试车的条件。此时，可切断数控系统的电源，连接电动机的动力线，恢复报警设定。

二、数控机床的调试

1. 数控机床通电试验

按数控机床说明书要求给机床润滑，在润滑点灌注规定的油液和油脂，清洗液压油箱及过滤器，灌入规定标号的液压油，接通外界输入的气源。

机床通电操作可以是一次各部分全面供电，也可以是各部分分别供电，然后再做总供电试验。在数控系统与机床联机通电试车时，虽然数控系统已经确认，工作正常无任何报警，但仍然应在接通电源的同时，做好按压急停按钮的准备，以备随时切断电源。在检查机床各轴的运转情况时，应用手动模式连续进给移动各轴，通过 CRT 或 DPL（数字显示器）的显示值检查机床部件移动方向是否正确。然后检查各轴移动距离是否与移动指令相符。如不符，则应检查有关指令、反馈参数，以及位置控制环增益等参数设定是否正确。随后，再用手动进给以低速移动各轴，并使它们碰到超程开关，用以检查超程限位是否正确。数控系统是否在超程时发出报警。仔细检查数控系统和 PMC 装置中参数设定值是否符合配套文件资料中的规定数据，然后检验各种运行方式（手动、点动、MDI、自动方式等）、主轴换挡指令、各级转速指令等是否正确无误。最后，还应进行一次返回参考点动作。机床的参考点是以后机床进行加工的程序基准位置，因此，必须检查有无参考点功能及每次返回参考点的位置是否完全一致。

检查辅助功能及附件是否能正常工作，例如机床的照明灯、冷却防护罩和各种护板是否完整；切削液箱中加满切削液，检验喷嘴管是否能正常喷出切削液；在用冷却防护罩条件下，切削液是否外漏；排屑器是否能正常工作等。

2. 数控机床安装调整

按数控机床说明书资料，检查机床的主要部件功能是否正常、齐全，使机床各环节都能操作运动起来。调整机床的床身水平，粗调机床的主要几何精度，再调整重新组装的主要运动部件与主机的相对位置，用快干水泥灌注主机和各附件的地脚螺栓，把各个预留孔灌平，等待水泥完全干固。数控机床的水平调整就是机床的主床身及导轨的水平调整。机床的主床身及导轨安装水平调平的目的是为了取得机床的静态稳定性，是机床的几何精度检验和工作精度检验的前提条件。

在已经固化的地基上用地脚螺栓和垫铁精调机床主床身的水平度，使用工具为水平仪。

对一般精度机床,水平仪读数不超过 0.04/1 000 mm;对于高精度机床,水平仪读数不超过 0.02/1 000 mm。找正水平后移动床身上的各运动部件(如主柱、溜板和工作台等),观察各坐标全行程内机床的水平变换情况,并调整相应机床几何精度,使其在允许的误差范围内。大、中型机床床身大多是多点垫铁支撑,为了不使床身产生额外的扭曲变形,要求在床身自由状态下调整水平,各支撑垫铁全部起作用后,再压紧地脚螺栓。在调整时,主要以调整垫铁为主,必要时可稍微改变导轨上的镶条和预紧滚轮等。

机床的安装水平的调平应该符合以下要求:

①机床应以床身导轨作为安装水平的检验基础,并用水平仪和桥板或专用检具在床身导轨两端、接缝处和立柱连接处按导轨纵向和横向进行测量。

②将水平仪按床身的纵向和横向放在工作台上或溜板上,并移动工作台或溜板,在规定的位置进行测量。

③以机床的工作台或溜板为安装水平检验的基础,并用水平仪按机床纵向和横向放置在工作台或溜板上进行测量,但工作台或溜板不应移动位置。

④以水平仪在床身导轨纵向等距离移动测量,并将水平仪读数依次排列在坐标纸上,画出垂直平面内直线度偏差曲线,其安装水平仪以偏差曲线两端点连线的斜率作为该机床的纵向安装水平。其横向安装水平应以横向水平仪的读数值计。

⑤将水平仪放在设备技术文件规定的位置上进行测量。

3. 加工中心换刀装置运行

让机床自动运动到刀具交换位置(可用 G28 Y0 Z0 或 G30 YO Z0 等程序),用手动方式调整装刀机械手和卸刀机械手相对主轴的位置。在调整中采用同一个校对心棒进行检测,有误差时可调整机械手的行程,移动机械手支座和刀库位置等,必要时还可以修改换刀位置点的设定(改变数控系统内的参数设定)。调整完毕后,紧固各调整螺钉及刀库地脚螺栓,然后装上几把接近规定允许重量的刀柄,进行多次从刀库到主轴的往复自动交换,要求动作准确无误、不撞击、不掉刀。

带 APC 交换工作台的机床要把工作台运动到交换位置,调整托盘站与交换台面的相对位置,使工作台达到自动换刀时动作平稳、可靠、准确。然后在工作台面上装 70%~80% 的允许负载,进行多次自动交换动作,达到准确无误后再紧固各相关螺钉。

4. 数控机床试运行

数控机床安装调试完毕后,要求整机在带有一定负载条件下经一段较长时间的自动运行,较全面地检查机床功能及工作可靠性。运行时间尚无统一的规定,一般采用每天运行 8 h,连续运行 2~3 天或 24 h 连续运行 1~2 天。这个过程称为安装后的试运行。

考核程序中应包括:主要数控系统的功能使用,自动更换取用刀库中 2/3 的刀具,主轴的最高、最低及常用的转速,快速和常用的进给速度,工作台面的自动交换,主要 M 指令的使用等。试运行时,机床刀库上应插满刀柄,取用刀柄重量应接近规定的允许重量,交换工作台面上也应加上负载。在试运行时间内,除操作失误引起的故障外,不允许机床有其他故障出现,否则表明机床的安装调试存在问题。

三、数控机床的验收

在数控机床调试人员完成对机床的安装调试后,用户的验收工作就是根据机床出厂检验合格证上规定的验收条件,通过实际能提供的检测手段来部分或全部地测定机床合格证上各项技术指标。合格后验收结果将作为日后维修时的技术指标依据。主要验收工作如下：

1. 机床外观检查

在对数控机床做详细检查验收以前，对数控柜的外观进行检查验收，应包括以下几个方面：

①外表检查：用肉眼检查数控柜中的各单元是否破损、污染，连接电缆捆绑是否有破损，屏蔽层是否有剥落现象。

②数控柜内部件紧固情况检查：包括螺钉紧固检查、连接器紧固检查和印制电路板的紧固检查。

③伺服电动机的外表检查：特别是对带有脉冲编码器的伺服电动机的外壳应做认真检查，尤其是它的后端。

2. 机床性能及 NC 功能试验

现以一台立式加工中心为例说明一些主要的检查项目。

①主轴系统；

②进给系统；

③自动换刀系统；

④机床噪声；

⑤电气装置；

⑥数字控制装置；

⑦安全装置；

⑧润滑装置；

⑨气、液装置；

⑩附属装置；

⑪数控机能；

⑫连续无载荷运转。

3. 机床几何精度检查

数控机床的几何精度综合反映该设备的关键机械零部件组装后的几何形状误差。以下列出一台普通立式加工中心的几何精度检测内容：

①工作台面的平面度；

②各坐标方向移动的相互垂直度；

③向 x 轴坐标方向移动时工作台面的平行度；

④向 y 轴坐标方向移动时工作台面的平行度；

⑤向 x 轴坐标方向移动时工作台面 T 形槽侧面的平行度；

⑥主轴的轴向圆跳动；

⑦主轴孔的径向圆跳动；

⑧主轴箱沿 z 轴坐标方向移动时主轴轴线的平行度；

⑨主轴回转中心线对工作台面的垂直度；

⑩主轴箱在 z 轴坐标方向移动的直线度。

4. 机床定位精度检查

它表明所测量的机床各运动部件在数控装置控制下运动所能达到的精度。定位精度主要检查内容如下：

①直线运动定位精度（包括 x、y、z、u、v、w 轴）；
②直线运动重复定位精度；
③直线运动轴机械原点的返回精度。
④直线运动失动量的测定；
⑤回转运动定位精度（转台 a、b、c 轴）；
⑥回转运动的重复定位精度；
⑦回转轴原点的返回精度；
⑧回转运动失动量测定。

5. 机床切削精度检查

机床切削精度检查实质是对机床的几何精度和定位精度在切削和加工条件下的一项综合考核。国内多以单项加工为主。对于加工中心主要单项精度如下：
①镗孔精度；
②端面铣刀铣削平面的精度（xy 平面）；
③镗孔的孔距精度和孔径分散度；
④直线铣削精度；
⑤斜线铣削精度；
⑥圆弧铣削精度；
⑦箱体掉头镗孔同轴度（针对卧式机床）；
⑧水平转台回转 90° 铣四方加工精度（针对卧式机床）。

任务分析

数控机床的安装调试很重要，这个环节决定了一台数控机床能否正常使用、加工精度的好坏以及使用寿命的长短等问题。水平是机床各项精度的基础，尤其是高精度的机床，水平更为重要。机床的水平对产品的一致性、重复性、可靠性、再现性、可更换（维修）性等有很大的影响。在安装调试时水平对机床的影响很大：

①机床水平没有调整到规定范围，机床因受重力的影响，从微观上看，机床的导轨产生扭曲，导致 x，y 轴的垂直度受到影响，若偏差较大则会影响到加工方和圆的精度。
②由于导轨的变形，工作台被迫发生微量变形，导致主轴与工作台的垂直度超差，最终影响平面的加工精度。
③在水平度超差较大的情况下使用机床，会加剧导轨丝杆等运动件的磨损，不但加工精度无法保证，还会影响机床使用寿命。

数控机床完成就位和安装后，为了取得机床的静态稳定性，通常要在基础上先用水平仪进行安装水平的调整，这同时也是机床几何精度检验和工作精度检验的前提条件。

任务实施

以"零件平面的加工精度超差故障维修"任务为例，按照"检查—计划—诊断—维修—试机"五步故障维修工作法排除故障。

1. 检查

①机床搬进新厂房三年前曾经多次采用相同的程序和切削参数在此设备上加工过此产

品,加工零件的加工精度符合要求。

②查看机床原始资料,设备验收时各项精度合格。

③查看此台设备使用日志和故障记录单,发现没搬运新厂房时没有出现过此类故障。但设备使用三年后搬运至新地点有过机床精度的校验。

2. 计划

根据对数控机床现场检查情况,进行团队会议,并填写工作单中的计划单、决策单和实施单。初步制订以下排除故障方案:

①三年前曾经多次采用相同的程序和切削参数在此设备上加工过此产品,加工零件的加工精度符合要求。

②设备验收时,各项几何精度均符合验收标准,可以排除机床的制造误差、安装误差和调整误差引起的精度超差。但设备使用三年后搬运至新地点有过机床精度的校验。

③根据以上分析,故障原因是零件平面的加工精度方面存在问题。故障诊断主要应该对此设备进行水平精度的重新调试。

3. 诊断

根据诊断思路,进行现场诊断,对此设备进行水平调试,步骤如下:

①检验工具选用精密水平仪。

②将工作台置于导轨行程的中间位置,将两水平仪分别沿 x 和 y 坐标轴置于工作台中央,调整机床垫铁的高度,使水平仪水泡处于读数中间位置,完成数控铣床的静态调整。

③分别沿 x 和 y 坐标轴全行程移动工作台,观察水平仪读数的变化,调整机床垫铁的高度,使工作台沿 x 和 y 坐标轴全行程移动时水平仪读数的变化范围处于标准范围内。

4. 维修

利用维修工具和水平仪对数控机床重新进行水平调试,具体调平过程见表 4-1-1。

表 4-1-1 数控铣床调平过程

序号	图示	操作步骤
1		准备工作:锤子、水平仪
2		用干净的棉布擦拭工作台面,并且用手检查一遍工作台面,以防有棉布残留物

续上表

序号	图示	操作步骤
3		将工作台的 x 轴线和横向滑座（y 轴线）至于中间位置，放置水平仪
4	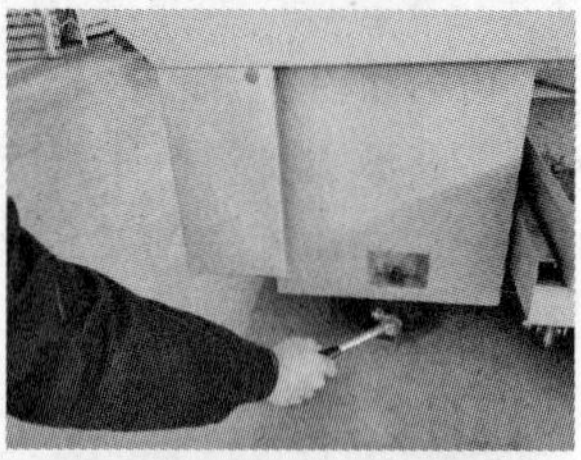	用锤子调整机床减震垫铁，水平仪气泡居中
5		先沿 x 坐标轴全行程移动工作台，观察水平仪读数的变化，调整机床垫铁的高度；再沿 y 坐标轴全行程移动工作台，观察水平仪读数的变化，调整机床垫铁的高度。使水平仪气泡延 x 轴线和 y 轴线都处标准范围内
6	整理工作场地，清洁量具、检具、数控铣床	

5. 试机

重新输入程序和切削参数在此设备上加工此产品，加工零件的加工精度符合要求，故障排除。

数控机床安装调试工作单

计 划 单

学习情境 4	数控机床的装调与精度检测	任务 4.1	数控机床的安装调试
工作方式	组内讨论、团结协作共同制订计划：小组成员进行工作讨论，确定工作步骤	计划学时	0.5 学时
完成人	1. 2. 3. 4. 5. 6. …		

计划依据：①数控机床调试验收的国家标准及行业标准；②教师分配的不同机床的故障现象

序号	计划步骤	具体工作内容描述
1	准备工作（准备工具、材料，谁去做）	
2	组织分工（成立小组，人员具体都完成什么）	
3	现场记录（都记录什么内容）	
4	排除具体故障（怎么排除，排除故障前要做哪些准备）	
5	机床运行检查工作（谁去检查，都检查什么）	
6	整理资料（谁负责，整理什么）	
制订计划说明	（写出制订计划中人员为完成任务的主要建议或可以借鉴的建议、以及排除故障的具体实施步骤）	

● ● ● 决 策 单 ● ● ●

学习情境 4	数控机床的装调与精度检测		工作任务 4.1		数控机床的安装调试
决策学时			0.5 学时		
方案对比	小组成员	方案的可行性（维修质量）	排除故障合理性（加工时间）	方案的经济性（加工成本）	综合评价
	1				
	2				
	3				
	4				
	5				
	6				
	⋮				
决策评价	（排除零件平面的加工精度超差最佳方案是什么？最差方案是什么？描述清楚，做出最佳综合评价选择）				

● ● ● ● 实 施 单 ● ● ● ●

学习情境 4	数控机床的装调与精度检测	工作任务 4.1	数控机床的安装调试
实施方式	小组成员合作共同研讨确定实践的实施步骤	实施学时	1 学时

序号	实施步骤	使用资源
1		
2		
3		
4		
5		
6		
⋮		

实施说明：

实施评语：

班级				组员签字		
教师签字		第 组		组长签字		日期

●●●● 检 查 单 ●●●●

学习情境 4	数控机床的装调与精度检测	任务 4.1	数控机床的安装调试
检查学时	课内 0.5 学时		第　　组
检查目的及方式	实施过程中教师监控小组的工作情况，如检查等级为不合格，小组需要整改，并拿出整改说明		

序号	检查项目	检查标准	检查结果分级（在检查相应的分级框内划"√"）					
			优秀	良好	中等	合格	不合格
1	准备工作	资源已查到情况、材料准备完整性					
2	分工情况	安排合理、全面，分工明确方面					
3	工作态度	小组工作积极主动、全员参与方面					
4	纪律出勤	按时完成负责的工作内容、遵守工作纪律方面					
5	团队合作	相互协作、互相帮助、成员听从指挥方面					
6	创新意识	任务完成不照搬照抄，看问题具有独到见解和创新思维					
7	完成效率	工作单记录完整，按照计划完成任务					
8	完成质量	工作单填写准确，记录单检查及修改达标方面					
检查评语							教师签字：

任务评价

1. 小组工作评价单

学习情境 4	数控机床的装调与精度检测		任务 4.1	数控机床的安装调试		
	评价学时		课内 0.5 学时			
班级			第　　　组			
考核情境	考核内容及要求	分值（100）	小组自评（10%）	小组互评（20%）	教师评价（70%）	实得分（∑）
汇报展示（20）	演讲资源利用	5				
	演讲表达和非语言技巧应用	5				
	团队成员补充配合程度	5				
	时间与完整性	5				
质量评价（40）	工作完整性	10				
	工作质量	5				
	故障维修完整性	25				
团队情感（25）	核心价值观	5				
	创新性	5				
	参与率	5				
	合作性	5				
	劳动态度	5				
安全文明（10）	工作过程中的安全保障情况	5				
	工具正确使用和保养、放置规范	5				
工作效率（5）	能够在要求的时间内完成，每超时 5 min 扣 1 分	5				

2. 小组成员素质评价单

学习情境 4	数控机床的装调与精度检测	任务 4.1		数控机床的安装调试	
班级		第　　组		成员姓名	

评分说明	每个小组成员评价分为自评和小组其他成员评价两部分，取平均值计算，作为该小组成员的任务评价个人分数。评价项目共设计 5 个，依据评分标准给予合理量化打分。小组成员自评分后，要找小组其他成员以不记名方式打分					
评分项目	评分标准	自评分	成员1评分	成员2评分	成员3评分	成员4评分	成员5评分
核心价值观（20分）	社会主义核心价值观的思想及行动方面						
工作态度（20分）	按时完成负责的工作内容，遵守纪律，积极主动参与小组工作，全过程参与，具有吃苦耐劳的工匠精神						
交流沟通（20分）	能良好地表达自己的观点，能倾听他人的观点						
团队合作（20分）	与小组成员合作完成任务，做到相互协作、互相帮助、听从指挥						
创新意识（20分）	看问题能独立思考，提出独到见解，能够运用创新思维解决遇到的问题						
最终小组成员得分							

课后反思

学习情境 4	数控机床的装调与精度检测	任务 4.1	数控机床的安装调试
班级		第　　组	成员姓名
情感反思	通过对本任务的学习和实训，你认为自己在社会主义核心价值观、职业素养、学习和工作态度等方面有哪些需要提高的地方		
知识反思	通过对本任务的学习，你掌握了哪些知识点？请画出思维导图		
技能反思	在完成本任务的学习和实训过程中，你主要掌握了哪些排故技能		
方法反思	在完成本任务的学习和实训过程中，你主要掌握了哪些分析和解决问题的方法		

学习笔记

思考与练习

一、多选题（有至少 2 个正确答案）

1. 让机床自动运动到刀具交换位置可用（　　）等程序。
   A. G28 Y0 Z0　　B. G30 Y0 Z0　　C. G54 Y0 Z0　　D. G55 Y0 Z0

2. 在对数控机床做详细检查验收以前，其数控柜内部件紧固情况检查包括（　　）。
   A. 螺钉紧固检查　　　　　　　　B. 连接器紧固检查
   C. 屏蔽层是否有剥落现象　　　　D. 印制电路板的紧固检查

3. 以一台立式加工中心为例，其主要的检查项目包括（　　）电气装置、数字控制装置、安全装置、润滑装置、气、液装置、附属装置和数控机能。
   A. 主轴系统　　B. 进给系统　　C. 自动换刀系统　　D. 机床噪声

4. 数控机床定位精度主要检查内容包括直线运动定位精度、（　　）、直线运动轴机械原点的返回精度、回转运动定位精度、回转运动失动量测定。
   A. 直线运动重复定位精度　　　　B. 直线运动失动量的测定
   C. 回转运动的重复定位精度　　　D. 回转轴原点的返回精度

二、简答题

1. 简述数控机床安装、调试的步骤和方法。
2. 阐述数控机床安装、调试应遵循哪些标准。
3. 简述数控机床调试验收的基本流程。

任务 4.2 数控机床精度检测

任务工单

学习情境 4	数控机床的装调与精度检测		任务 4.2		数控机床精度检测	
	任务学时			4 学时（课外 4 学时）		
	布置任务					
工作目标	①能描述 ISO、GB 标准中常见数控机床几何精度检测项目； ②能根据数控铣床和加工中心的验收标准对数控机床进行检测； ③能利用常用检测工具检测数控机床几何精度； ④能解决加工零件精度超差的故障现象； ⑤能在完成任务过程中培养安全意识，创新意识，锻炼职业素养，养成诚实守信的品质，树立团队意识，工匠精神，培养爱岗敬业精神和爱国情怀					
任务描述	某企业一台数控铣床，配 FANUC 0i Mate 数控系统，设备正常使用五年后搬进新厂房，在加工零件时，出现加工零件相邻面垂直度超差的故障现象，机床没有任何报警，如下图所示。请按照"检查—计划—诊断—维修—试机"五步故障维修工作法排除故障  相邻面垂直度超差故障现象					
学时安排	资讯	计划	决策	实施	检查	评价
	1 学时	0.5 学时	0.5 学时	1 学时	0.5 学时	0.5 学时
对学生学习及成果的要求	①学生具备数控机床电气原理图识读能力； ②严格遵守实训基地各项管理规章制度； ③严格遵守课堂纪律，学习态度认真、端正，能够正确评价自己和同学在本任务中的素质表现； ④每位同学必须积极参与小组工作，承担排故检查的相应劳动工作，做到能够积极主动不推诿，能够与小组成员合作完成工作任务； ⑤每位同学均须独立或在小组同学的帮助下完成排故过程中技能训练工作单，并提请检查、签认，对发现的错误务必及时修改； ⑥每组必须完成排故任务并填写全部故障维修工作单，然后请教师进行小组评价，小组成员分享小组评价分数或等级； ⑦每名同学均完成任务反思，以小组为单位提交					

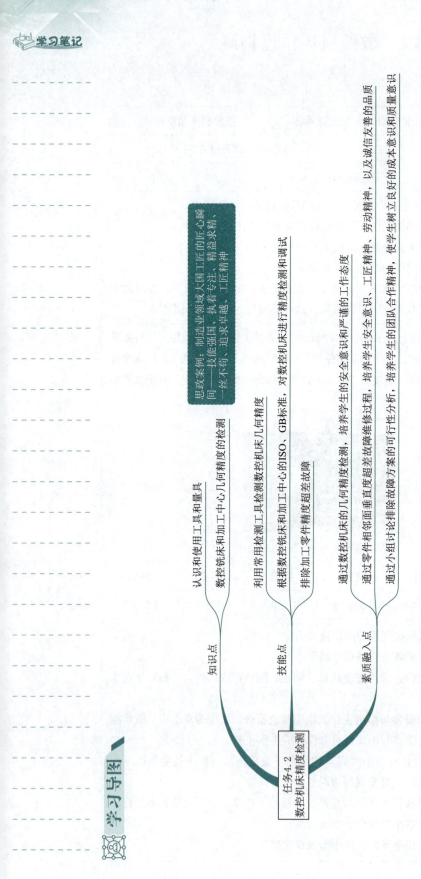

制造业领域大国工匠的匠心瞬间

制造业，作为实体经济的中流砥柱，不但是强国之基，也是孕育培养大国工匠的摇篮，更是大国工匠创造奇迹的舞台。连续多年稳居世界第一制造业大国地位，"中国创造"实力日益彰显，一批"大国重器"引领科技前沿，铸就中国新实力。

搜一搜 我国在制造业领域有哪些大国工匠？他们在各自的岗位上有哪些贡献和技能？

一、认识和使用工具和量具

数控机床几何精度检验有重要的实际意义，不仅需要精密水平仪、平尺、方尺（角尺）、检验棒、指示表（千分表、百分表、杠杆表等）和激光干涉仪等，还需要一些调整工具。为完成数控机床调平和几何精度检验，现介绍常用的工具、量具和检具。

（一）常用工具

常用工具有扳手、螺钉旋具、钳子、锤子、铜棒、铝棒、千斤顶、油壶、油枪、撬棍等，其中扳手包括呆扳手、活扳手、梅花扳手、内六角扳手、扭力扳手、手动套筒扳手和钩形扳手等，常用的螺钉旋具有一字螺丝刀和十字螺丝刀，常用工具及其功能见表 4-2-1。

表 4-2-1 常用工具及其功能

呆扳手	活扳手	梅花扳手
双头呆扳手用于紧固、拆卸两种尺寸的六角头、方头螺栓和螺母	开口宽度可以调节，能紧固或松开一定尺寸范围内的六角头或方头螺栓、螺钉和螺母	用于拧紧和松开两种尺寸的六角头螺栓、螺母，扳手可以从多种角度套入六角头，特别适用于工作空间狭小、位于凹处的场合
内六角扳手	手动套筒扳手	扭力扳手
供紧固或拆卸内六角螺钉用	除具有一般扳手功能外，特别适用于旋转空间狭窄或深凹的场合	与套筒扳手的套筒头相配，紧固六角头螺栓、螺母，用于对拧紧扭矩有明确规定的场合

续上表

钩形扳手	一字螺丝刀	十字螺丝刀
专用于扳动在圆周方向上开有直槽或孔的圆螺母	用于紧固或拆卸一字槽形的螺钉	用来紧固或拆卸十字槽形的螺钉和旋杆
锤子	铜棒	尖嘴钳和钢丝钳
用于一般锤击，也可平整部件或零件用	铜棒主要用于敲击机床部件，铜棒较软，不会损坏零件	用于夹持或弯折薄形片及金属丝材；在较窄小的工作空间夹持工件，用于夹持小零件和扭转细金属丝

（二）量具和检具

1. 常用量具和检具的简介

1）指示表

检验数控机床几何精度的指示器有百分表、千分表和杠杆表。

百分表是利用齿条-齿轮或杠杆-齿轮传动，将测杆的直线位移变为指针角位移的计量器具。百分表可检验数控机床几何精度，其分度值为 0.01 mm。百分表的测量范围一般有 0～3 mm、0～5 mm、0～10 mm，特殊情况下有 0～20 mm、0～30 mm，甚至还有 0～50 mm、0～100 mm 大量程的百分表，在检验数控机床几何精度中常用 0～5 mm 和 0～10 mm 规格的百分表。还有数显百分表，常用规格是 0～12.7 mm。

千分表的读数值为 0.001 mm，常用测量范围为 0～1 mm。数显千分表的规格是 0～12.7 mm，示值分辨力 0.001 mm。数显千分表功能多，可以任意位置置零，便于微差测量；制式任意转换，适应不同的单位制；还可以数据保持、快速显示、快速跟寻最大值、快速跟寻最小值。

杠杆表有机械式和电子数显式，其规格有杠杆百分表和杠杆千分表，杠杆百分表的分度值为 0.01 mm，杠杆千分表的分度值为 0.001 mm 和 0.002 mm。

常用量具及其功能见表 4-2-2。

表 4-2-2 常用量具及其功能

百分表	数显百分表	千分表
百分表的外形和内部结构见上图，主要用于直接或比较测量工件的长度尺寸、几何形状偏差，也用于检验机床几何精度或调整加工工件装夹位置偏差	数显百分表具有高清晰度显示、任意位置测量、米制和英制单位转换、任意位置清零等功能，其特点是精度高、读数直观可靠	千分表是精密测量中用途很广的指示式量具，主要用来检查工件的形状和位置误差（如圆度、平面度、垂直度、圆跳动等），也常用于工件的精密找正
数显千分表	杠杆表	数显杠杆表
以数字方式显示的千分表，可以任意位置设置，起始值设置可满足特殊要求，公差值设置可进行公差判断、公英制转换	适用于测量百分表难以测量的小孔、凹槽、孔距和坐标尺寸等。杠杆百分表是一种借助于杠杆-齿轮或杠杆-螺旋传动机构，将测杆摆动变为指针回转运动的指示式量具，其测量范围一般为 0~0.8 mm	模拟及数字双重显示，数字分辨率为 0.01 mm/0.001 mm，可选标尺分度值为 0 μm、20 μm、50 μm/1 μm、2 μm、5 μm，公英制式转换，标称、最小、最大、最大-最小的模式显示和存储，可以自动关闭电源
平头测量头		
安装在百分表或者千分表测量头上，方便找到主轴检验棒的测量位置		

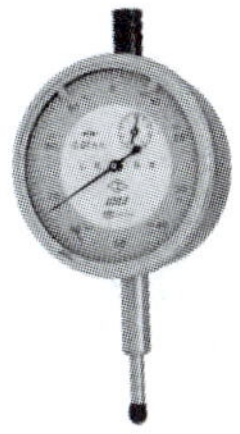

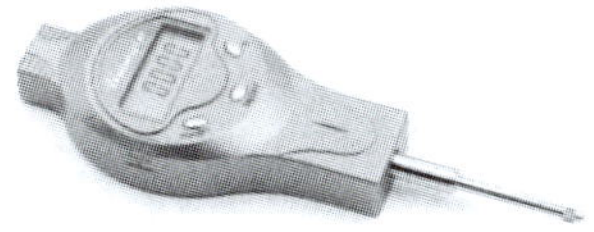

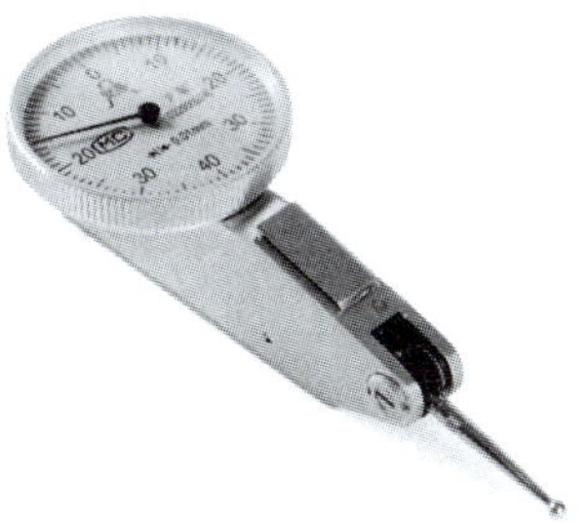

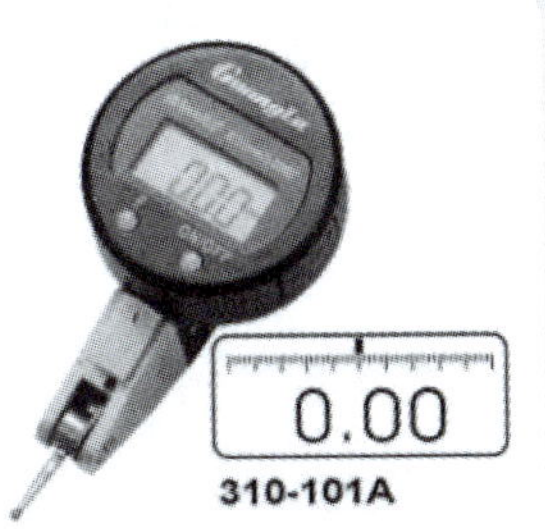

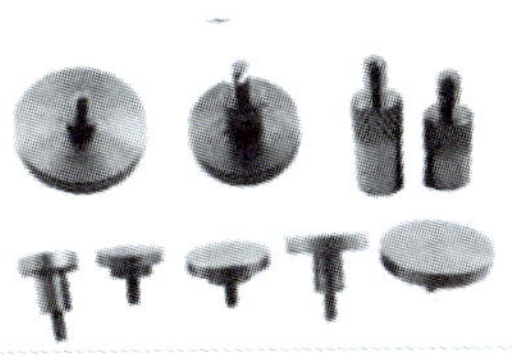

2）常用检具

检验数控机床几何精度的常用检具有平尺、方尺、角尺、等高块、方筒、检验棒、自准直仪、水平仪等，检验零件几何精度的常用检具有刀口角尺等，检验数控机床性能的常用检具有点温计等。

常用检具及其功能见表 4-2-3。

表 4-2-3　常用检具及其功能

平尺	方尺	三角形角尺
检验直线度或平面度用作基准的量尺	具有垂直平行的框式组合，检验两个坐标轴线的垂直度误差	与平尺和等高块共同检验坐标轴垂直度误差
柱形角尺	等高块	可调等高块
圆柱角尺是检测垂直度的专用检具，常用规格为 80 mm×400 mm 和 100 mm×500 mm	等高块是六个工作面的正方体或长方体，通常三块为一组，对面工作面互相平行，相邻工作面互相垂直，用于机床调整水平	用于检验加工中心直线度误差或者平面度误差等
方筒	铣床或加工中心主轴用检验棒（带拉钉）	磁性钢球（中心处）
检验坐标轴线的直线度或者垂直度误差	检验数控铣床或加工中心主轴径向跳动、主轴轴线与Z轴轴线的平行度误差等	装入主轴短检验棒的中心孔中，检验主轴轴向窜动
自准直仪	水平仪（框式、条状）	刀口尺
用于测量数控机床导轨的直线度误差，与多面棱镜联用可以测量圆分度误差	检验数控机床水平及加工中心工作台面的平面度误差	主要用于以光隙法进行直线度测量和平面度测量，也可与量块一起使用

续上表

刀口角尺	步距规	点温计
刀口角尺是精确检验工件垂直度误差的一种测量工具，也可以对工件进行垂直划线	检验定位精度和重复定位精度的量具	精度高，响应迅速，可以测量机床部件表面温度
声级计	量块	
声级计是最基本的噪声测量仪器，它是一种电子仪器，但又不同于电压表等客观电子仪表。在把声信号转换成电信号时，可以模拟人耳对声波反应速度的时间特性，有不同灵敏度的特性和不同响度时的强度特性。声级计是一种主观性的电子仪器	量块是由两个相互平行的测量面之间的距离来确定其工作长度的高精度量具，其长度为计量器具的长度标准	

2. 常用量具、检具和工装的使用方法

1）使用百分表和千分表的注意事项

①使用前，应检查测量杆活动的灵活性，即轻推测量杆时，测量杆在套筒内的移动要灵活，没有卡死现象，每次手松开后，指针能回到原来的刻度位置。

②使用时，必须把百分表或千分表固定在磁力表座上，否则容易造成测量结果不准确，或摔坏百分表，但是夹紧力不能过大，以免因套筒变形而使测量杆活动不灵活。

③测量时，用 0~5 mm 规格的百分表要有 0.3~1 mm 的预压缩量，用 0~1 mm 规格的千分表要有 0.2~0.4 mm 的预压缩量，保持一定的初始测力，以免无法测出负偏差。

④测量时，不要使测量杆的行程超过它的测量范围，不要使表头突然撞到工件上，也不能用百分表/千分表测量粗糙度大的表面或有显著凹凸不平的工作面。

⑤测量平面时,百分表/千分表的测量杆要与平面垂直,测量圆柱体工件时,测量杆要与工件的中心线垂直,否则会使测量杆活动不灵或测量结果不准确。

⑥为方便读数,在测量前一般都让大指针指到刻度盘的零位。

2)数显千分表的使用方法

(1)准备

①用洁净柔软的不脱落棉织物清洁测量表面各部位。

②检查各按键是否灵活、有效,示值是否清楚稳定,笔划有无缺断现象。

(2)操作

①打开电源(按【ZERO/ON】键可打开电源)。

②按【in/mm】键选择单位制(米制时有"mm"字符出现,英制时有"in"字符出现)。

③按【ABS/PRESET】键使数值置零,即可开始测量。

④长按【ZERO/ON】键断电。

3)杠杆表

杠杆百分表体积较小,适合检验数控车床主轴孔的径向圆跳动误差及加工中心中央 T 形槽的直线度误差等。

杠杆千分表测杆轴线位置引起的测量误差如图 4-2-1 所示,杠杆千分表的测量杆轴线与被测工件表面的夹角愈小,误差就愈小。如果由于测量需要,α 角无法调小时(当 α>15°),应对其测量结果进行修正。

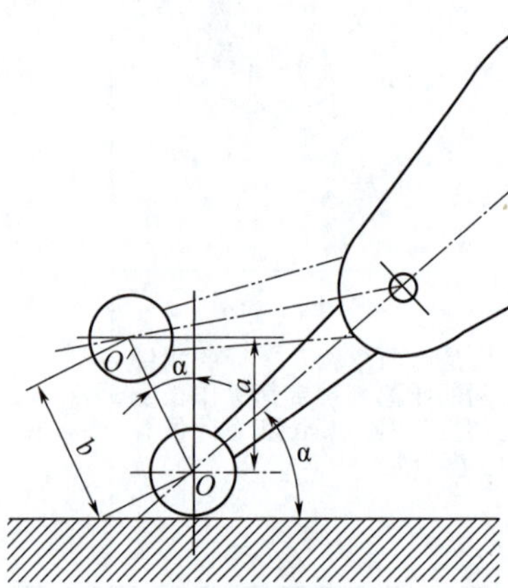

图 4-2-1 杠杆千分表测杆轴线位置引起的测量误差

当平面上升距离为 a 时,杠杆千分表摆动的距离为 b,也就是杠杆千分表的读数为 b,因为 $b>a$,所以指示读数增大。具体修正计算式如下:

$$a = b \times \cos \alpha$$

例用杠杆千分表测量机床工作台平面时,测量杆轴线与工作台表面夹角 α 为 30°,测量读数为 0.048 mm,求正确测量值。

解:$a = b \times \cos \alpha = 0.048 \times \cos 30° = 0.048 \times 0.866 = 0.0416 \text{(mm)}$

4)水平仪

(1)工作原理

水平仪的水准管由玻璃制成,水准管内壁是一个具有一定曲率半径的曲面,管内装有液体，当水平仪发生倾斜时，水准管中气泡就向水平仪升高的一端移动，即气泡保持在最高位置，从而确定水平面的位置。如图 4-2-2 所示水平仪，表明该平面左端高于右端。水准管内壁曲率半径越大，分辨率就越高，曲率半径越小，分辨率就越低，因此水准管曲率半径决定了水平仪的精度。

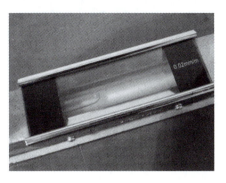

图 4-2-2　水平仪

①水平仪刻度示值。实训室的水平仪灵敏度是 0.02 mm/m，此刻度示值是以 1 m 为基长的倾斜值为 0.02 mm/1 000 mm，如图 4-2-3 所示为水平仪刻度示值。

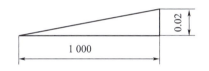

图 4-2-3　水平仪刻度示值（单位：mm）

②测量时使水平仪工作面紧贴在被测表面，待气泡完全静止后方可进行读数。如需测量长度为 L 的实际倾斜值，则可通过下式进行计算：

$$实际倾斜值 = 刻度示值 \times L \times 偏差格数$$

例如：刻度示值为 0.02 mm/m，$L = 200$ mm，偏差格数为 2 格。
则实际倾斜值 = 0.02 mm/1 000 mm × 200 mm × 2 = 0.008 mm。

为避免由于水平仪零位不准而引起的测量误差，必须在使用前对水平仪的零位进行检查或调整。

（2）使用方法

在使用水平仪时要注意下列事项。

①使用前，必须先将被测量面和水平仪的工作面擦拭干净，并进行零位检查。水平仪是测量偏离水平面的倾斜角度测量仪，气泡总是相对底面保持水平，但在使用期间有可能发生变化，为此，设置了调节螺钉。调整方法是将水平仪放在平板上，读出气泡的数值，这时在平板的平面同一位置上，再将水平仪左右反转 180°，然后读出气泡的数值。若读数相同，则水平仪的底面和主水准器平行，若读数不一致，则使用调整工具小扳手，如图 4-2-4 所示为调整工具和调整孔，插入调整孔，拧动螺钉进行调整。气泡对中间位置偏移，不超过刻度值的 1/4 即可。

②测量时必须待气泡完全静止后方可读数。

③读数时，应垂直观察，以免产生视差。

④使用完毕，应进行防锈处理，放置时，注意防振、防潮。

图 4-2-4　调整工具和调整孔

5）量块

量块是一种精密的标准量具，它主要用于调整、校正或检验量仪、量具及各种精密工件。其精度等级分为 K 级、0 级、1 级、2 级和 3 级。

量块的外形一般为长方体，它具有两个精密加工、表面粗糙度值极小的平行测量面，两测量面之间的距离为测量尺寸，也就是量块的尺寸。

量块的使用方法如下：

①为了工作方便和减少测量积累误差，应尽量选最少的块数。83 块一套的量块，选用一般不超过 4 块；46 块一套的量块，选用一般不超过 5 块。

②计算时，第一块应根据组合尺寸的最后一位数字选取，以后各块以此类推。例如，所需要测量的尺寸为 48.245 mm（组合尺寸），从 87 块一套的盒中选取：1.005 mm、1.24 mm、6 mm 和 40 mm 四块。

③可利用量块附件调整尺寸，测量外径、内径和高度。

④为了保持量块的精度，延长其使用寿命，一般不允许用量块直接测量工件。

6）平尺

平尺是具有一定精度平面的实体，用它可测定表面的直线度或平面度误差。平尺通常是水平使用，也可依靠其侧面使工作面垂直或依靠支承使其工作面水平。

平尺最佳支承位置如图 4-2-5 所示。使用平尺时，支承位置选择应使自然挠度最小。如图 4-2-5（a）所示，对均匀横截面的平尺，其支承应相隔 $5L/9$，并位于距两端 $2L/9$ 处。如图 4-2-5（b）所示，如果平尺工作长度是 500 mm，则最佳支承距离是 300 mm。当平尺不在最佳支承位置时，特别是在两端时，应考虑自然挠度。

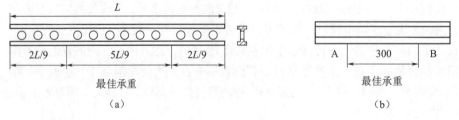

图 4-2-5　平尺最佳支承位置

7）检验棒

主要用来检查主轴套筒类零部件的径向圆跳动、轴向窜动、同轴度、平行度及其与导轨的平行度等几何误差的标准圆柱（或圆锥）称为检验棒。检验棒是机床制造及修理工作中的常备工具，用工具钢制造，经过热处理及精密加工，结构上有足够的刚性。

（1）规格

带锥柄检验棒如图 4-2-6 所示，它有间隔 90° 的 4 条基准线 r（1、2、3 和 4），每根检验棒应提供一个拔出螺母。

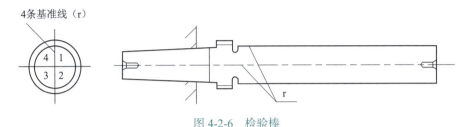

图 4-2-6　检验棒

（2）使用注意事项

检验棒的锥柄和机床主轴的锥孔必须擦净，以保证接触良好；测量径向跳动时，检验棒应在相应 90° 的 4 个位置依次插入主轴，误差以 4 次结果的平均值计；检查零部件侧向位置精度或平行度误差时，应将检验棒和主轴旋转 180°，依次在检验棒圆柱表面两条相对的母线上进行检测；检验棒插入主轴后，应稍等一些时间，以消除操作者手传来的热量，使温度稳定。

8）直角尺

常见的直角尺的基本型式有三角形和矩形（也称方尺），如图 4-2-7 所示，其尺寸一般不超过 500 mm。

直角尺用于测量机床垂直度公差在 0.03 mm/1 000 mm 至 0.05 mm/1 000 mm 范围内的机床垂直度误差，对于更小公差要求的垂直度，则应考虑使用直角尺所带来的误差。

（a）三角直角尺　　　　（b）矩形直角尺

图 4-2-7　直角尺的基本型式

9）数控机床垫铁

数控机床垫铁如图 4-2-8 所示。数控机床垫铁有小型数控机床垫铁和大型数控机床垫铁，如图 4-2-8（a）所示，小型数控机床垫铁是用于小型机床的支承安装和调整水平，如图 4-2-8（b）所示，大型数控机床垫铁多为三层结构，用于大型机床的支承安装和调整水平。

数控机床调整垫铁用于数控机床支承安装和调整水平。数控机床垫铁的使用方法如下：

①根据数控机床重量选好垫铁型号和数量。

②将所需垫铁放入数控机床地脚孔下，穿入螺栓，旋至和数控机床床身底面接实。

③安装调平规范进行数控机床水平调整,螺栓顺时针旋转,数控机床抬起。
④调好数控机床水平后,旋紧螺母。
⑤因为垫铁的橡胶存在蠕变现象,第一次使用的两星期后,需要再调整数控机床水平。

(a) 小型数控机床垫铁

(b) 大型数控机床垫铁

图 4-2-8　数控机床垫铁

10) 磁力表座

磁力表座如图 4-2-9 所示。磁力表座有两个光面,其中一个是带 V 形槽的光面,在使用时用其吸附在圆柱面或平面上。

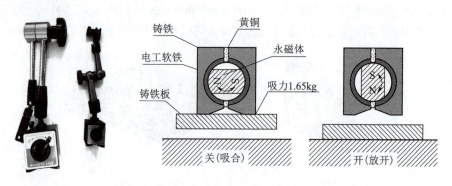

图 4-2-9　磁力表座

磁力表座工作原理如下:

①吸合时,内部永磁体 N,S 磁极分别接通一个电工软铁,软铁被磁化就像一个正常的有 N,S 磁极的磁铁,须注意的是外面的电工软铁是分成两半,通过黄铜连接的,因此可以产生磁性。

②放开时,旋转内部永磁体,N,S 磁极同时接触同一块电工软铁,形成闭合的磁回路,所以对外就没有磁性。

3. 量具的维护和保养

正确地使用精密量具是保证产品质量的重要条件之一。要保持量具的精度和它工作的可靠性,在使用中就要按照操作规范操作,还必须做好量具的维护和保养工作。

①在数控机床上检验几何精度时,数控机床部件要低速运行,保护量具的精度,且能够有效避免事故。

②检验几何精度前,应把量具的测量面和机床部件的测量表面都要擦拭干净,以免因有脏物存在而影响测量精度。

③量具在使用过程中,要放在安全位置,不要和工具如扳手、锤子等堆放在一起,以免损坏量具。也不要随便放在数控机床上,防止因数控机床振动而使量具掉下来摔坏。

④量具是检验用具,绝对不能作为其他工具随意使用。

⑤温度对检验结果有影响,尽量保持在20 ℃左右下进行测量。温度对量具精度影响很大,量具不应放在阳光下或床头箱上,避免使量具受热变形而失去精度。

⑥不要把精密量具放在磁场附近,例如数控磨床的磁性工作台上,以免使量具感磁。

⑦发现精密量具出现问题时,如量具表面不平、有毛刺、有锈斑以及刻度不准、尺身弯曲变形、表杆活动不灵活等,使用者不应当自行拆修,更不允许自行用锤子敲、锉刀锉、砂纸打光等办法修理,以免增大量具的误差,应该主动送计量站检修,并经检定量具精度后再继续使用。

⑧量具使用后,应及时擦拭干净,除不锈钢量具或有保护镀层者外,金属表面应涂上一层防锈油,放在专用的盒子里,保存在干燥的地方,以免生锈。

⑨百分表、千分表、杠杆表在使用后,要擦净装盒,绝对不能任意涂擦油类,以防粘上灰尘影响灵活性。

⑩精密量具应实行定期检定和保养,长期使用的精密量具,要定期送计量站进行保养和检定精度,以免因量具的检验超差而造成示值误差。

二、数控铣床和加工中心几何精度的检测

1. 机床调平

检测工具:精密水平仪(框式或调试)。

检测方法:将工作台置于导轨行程的中间位置,将两个水平仪分别沿 x 和 y 坐标轴置于工作台中央,调整机床垫铁高度,使水平仪水泡处于读数中间位置;分别沿 x 和 y 坐标轴全行程移动工作台,观察水平仪读数的变化,调整机床垫铁的高度,使工作台沿 x 和 y 坐标轴全行程移动时水平仪读数的变化范围小于两格,且读数处于中间位置即可,机床调平检测如图4-2-10所示。

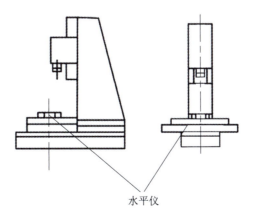

图4-2-10 机床调平检测

2. 工作台的平面度检测

检测工具：百分表、平尺、可调量块、等高块和精密水平仪

检测方法：用平尺检测工作台面的平面度误差的原理为：在规定的测量范围内,当所有点被包含在与该平面的总方向平行并相距给定值的两个平面内时,则认为该平面是平的。工作台的平面度检测如图 4-2-11 所示,首先在检验面上选 A、B、C 点作为零位标记,将 3 个等高量块放在这 3 个量块的上表面就确定了与被检面作比较的基准面。经平尺置于点 A 和点 C 上,并在检验面点 E 处放一可调量块,使其与平尺的下表面接触。此时,量块在点 A、B、C、E 的上表面均在同一表面上。再将平尺放在点 B 和点 E 上,即可找到点 D 的偏差。在点 D 放一可调量块,并将其上表面调到由已经就位的量块上表面所确定的平面上。将平尺分别放在点 A 和点 D 及点 B 和点 C 上,即可找到被检面上点 A 和点 D 及点 B 和点 C 之间的各点偏差。其余各点之间的偏差可用同样的方法找到。

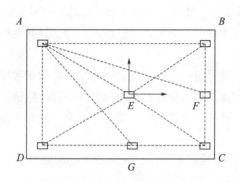

图 4-2-11 工作台的平面度检测

3. 主轴锥孔轴线的径向圆跳动

检测工具：检验棒、百分表、表架

检测方法：主轴锥孔轴线的径向圆跳动检测如图 4-2-12 所示。将检验棒插在主轴锥孔内,百分表安装在机床固定部件上,百分表测头垂直触及被测表面,旋转主轴,记录百分表的最大读数差值,在图 4-2-12 中的 a、b 两处分别测量。标记检验棒与主轴的圆周方向的相对位置,取下检验棒,同向分别旋转检验棒 90°、180°、270° 后重新插入主轴锥孔内,在每个位置分别检测,取 4 次检测的平均值作为主轴锥孔轴线的径向圆跳动误差。

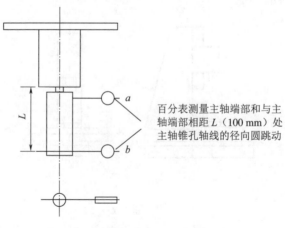

图 4-2-12 主轴锥孔轴线的径向圆跳动检测

4. 主轴轴线对工作台面的垂直度

检测工具:平尺、可调量块、百分表、表架

检测方法:主轴轴线对工作台面的垂直度检测如图 4-2-13 所示。将带有百分表的表架装在主轴上,并将百分表的测头调至平行于主轴轴线,被测平面与基准面之间的平行度偏差可以通过百分表侧头在被测平面上摆动的方法测得。主轴旋转一周,百分表读数的最大差值即为垂直度偏差,分别在 xz、yz 平面内记录百分表在相隔 180° 的两个位置上的读数差值。为消除测量误差,可在第一次检验后将检验工具相对于轴转过 180° 再重复检验一次。

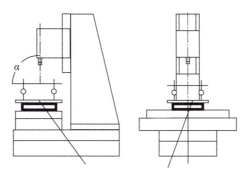

图 4-2-13 主轴轴线对工作台面的垂直度检测

5. 主轴竖直方向移动对工作台面的垂直度

检测工具:等高块、平尺、角尺、百分表

检测方法:主轴竖直方向移动对工作台面的垂直度检测如图 4-2-14 所示。将等高块沿 y 轴方向放在工作台上,平尺置于等高块上,将角尺置于平尺上(在 yz 平面内),百分表固定在主轴箱上,百分表测头垂直触及角尺,移动主轴箱,记录百分表读数及方向,其读数最大差值即为在 yz 平面内主轴箱垂直移动对工作台面的垂直度误差。同理,将等高块、平尺、角尺置于 xz 平面内重新测量一次,百分表读数最大差值即为在 xz 平面内主轴箱垂直移动对工作台面的垂直度误差。

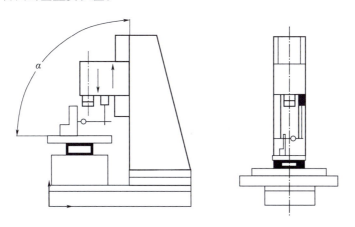

图 4-2-14 主轴竖直方向移动对工作台面的垂直度检测

6. 主轴套筒竖直方向移动对工作台面的垂直度

检测工具:等高块、平尺、角尺、百分表

检测方法:主轴套筒竖直方向移动对工作台面的垂直度检测如图 4-2-15 所示。将等高

块沿 y 轴方向放在工作台上，平尺置于等高块上，将圆柱角尺置于平尺上，并调整角尺位置使角尺轴线与主轴轴线同轴；百分表固定在主轴上，百分表测头在 yz 平面内垂直触及角尺，移动主轴，记录百分表读数及方向，其读数最大差值即为在 yz 平面内主轴垂直移动对工作台面的垂直度误差；同理，百分表测头在 xz 平面内垂直触及角尺重新测量一次，百分表读数最大差值为在 xz 平面内主轴箱垂直移动对工作台面的垂直度误差。

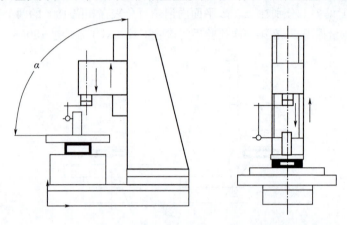

图 4-2-15　主轴套筒竖直方向移动对工作台面的垂直度检测

7. 工作台沿 x 轴方向或 y 轴方向移动对工作台面的平行度

检测工具：等高块、平尺、百分表

检测方法：工作台沿 x 轴方向或 y 轴方向移动对工作台面的平行度检测如图 4-2-16 所示。将等高块沿 y 轴方向放在工作台上，平尺置于等高块上，把百分表测头垂直触及平尺，沿 y 轴方向移动工作台记录百分表读数，其读数最大差值即为工作台 y 轴方向移动对工作台面的平行度误差；将等高块沿 x 轴方向放在工作台上，沿 x 轴方向移动工作台，重复测量一次，其读数最大差值即为工作台沿 x 轴方向移动对工作台面的平行度误差。

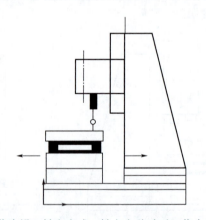

图 4-2-16　工作台沿 x 轴方向或 y 轴方向移动对工作台的平行度检测

8. 工作台沿 x 轴方向移动对工作台 T 形槽的平行度

检测工具：百分表

检测方法：工作台沿 x 轴方向移动对工作台 T 形槽的平行度检测如图 4-2-17 所示。把百分表固定在主轴箱上，使百分表测头垂直触及基准（T 形槽），沿 x 轴方向移动工作台，记录百分表读数，其读数的最大差值即为工作台沿 x 轴方向移动对工作台面基准（T 形槽）的平行度误差。

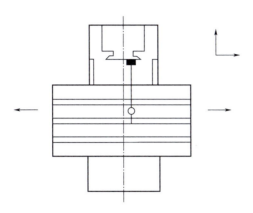

图 4-2-17　工作台沿 x 轴方向移动对工作台 T 形槽的平行度检测

9. 工作台沿 x 轴方向移动对 y 轴方向移动的工作垂直度

检测工具：角尺、百分表

检测方法：工作台沿 x 轴方向移动对 y 轴方向移动的工作垂直度检测如图 4-2-18 所示。工作台处于行程中间位置，将角尺置于工作台上，把百分表固定在主轴箱上使百分表测头垂直触及角尺（y 轴方向），沿 y 轴方向移动工作台，调整角尺位置，使角尺的一个边与 y 轴轴线平行，再将百分表测头垂直触及角尺另一边（x 轴方向），沿 x 轴方向移动工作台，记录百分表读数，其读数最大差值即为工作台沿 x 轴方向移动对 y 轴方向移动的工作垂直度误差。

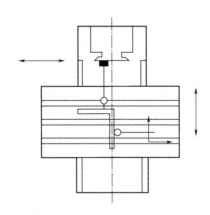

图 4-2-18　工作台沿 x 轴方向移动对 y 轴方向移动的工作垂直度检测

任务分析

加工零件相邻面垂直度超差的故障现象可能由以下原因引起：

①编程过程中刀具半径补偿的不合理运用、操作过程中不合理的定位装夹、加工过程中工件的轻微松动。

②加工过程中工件毛坯加工余量的不均匀性、刀具的磨钝、工艺系统的刚性不足。丝杆磨损、联轴器松动、螺母座松动引起事先设置好的螺补、反向间歇等参数与现实不匹配。

③机床及加工工艺系统的几何误差过大。由于操作师傅此前多次采用相同的程序和切

削参数在此设备上加工过此产品,加工零件的加工精度均符合要求,现经过参数等调整还是出现此类问题。因此,应该对数控机床几何精度垂直度进行检验判断。

任务实施

以"零件相邻面垂直度超差维修"任务为例,按照"检查—计划—诊断—维修—试机"五步故障维修工作法排除故障。

1. 检查

①机床搬进新厂房 5 年前曾经多次采用相同的程序和切削参数在此设备上加工过此产品,加工零件的加工精度均符合要求。

②查看机床原始资料,设备验收时各项精度合格。

③查看此台设备使用日志和故障记录单,发现没搬运新厂房时没有出现过此类故障。但设备使用 5 年后搬运新地点有过机床精度的校验。

2. 计划

根据对数控机床现场检查情况,进行团队会议,并填写工作单中的计划单、决策单和实施单。初步制订以下排除故障方案:

① 5 年前曾经多次采用相同的程序和切削参数在此设备上加工过此产品,加工零件的加工精度均符合要求。

②设备验收时,各项几何精度均符合验收标准,可以排除机床的制造误差、安装误差和调整误差引起的精度超差。但设备使用 5 年后搬运新地点才出现现在的故障现象。极有可能在使用过程中发生了导轨连接松动造成了几何误差过大从而引起加工精度超差,而机床几何精度项目中工作台 x 坐标轴方向移动对 y 坐标轴方向移动的工作垂直度超差极可能造成工件相邻两侧面垂直度超差。

③根据以上分析,故障诊断主要应定向在工作台 x 坐标轴方向移动对 y 坐标轴方向移动的工作垂直度上面。

3. 诊断

根据诊断思路,进行现场诊断,对此设备进行 x 坐标轴方向移动对 y 坐标轴方向移动的工作垂直度检验,步骤见表 4-2-4。

零件相邻面垂直度超差故障维修

表 4-2-4　数控铣床(加工中心)x 坐标轴方向移动对 y 坐标轴工作垂直度检验

序号	图示	操作步骤
1		准备平尺、方尺、百分表、磁力表座

续上表

序号	图示	操作步骤
2		用干净的棉布分别擦拭工作台面、主轴箱体、平尺、角尺工作面，使之不得有铁屑、残渣、油污等
3		在手动模式下，把工作台移动到居中位置，把平尺放在工作台适当位置，并且使平尺平行于 x 轴轴线，把磁力表座吸到主轴箱体上，调整百分表的读数使之在平尺的 x 轴向两端相等
4		在平尺上沿 y 轴向放置角尺，使百分表测头触及角尺 y 轴向检验面，在手动模式下，移动 y 轴，记录百分表读数的差值，同时记录 $α$ 值
5	检测结果 $α$ 值大于 90°，x 坐标轴方向移动对 y 坐标轴工作垂直度有问题	

4. 维修

根据前面诊断，发现导轨侧面顶紧螺钉松动，然后用内六角扳手紧固导轨侧面的顶紧装置，具体维修过程见表 4-2-5。

表 4-2-5　维修过程

序号	图示	操作步骤
1		首先选用内六角扳手等工具拆除导轨防护罩

学习笔记

续上表

序号	图示	操作步骤
2	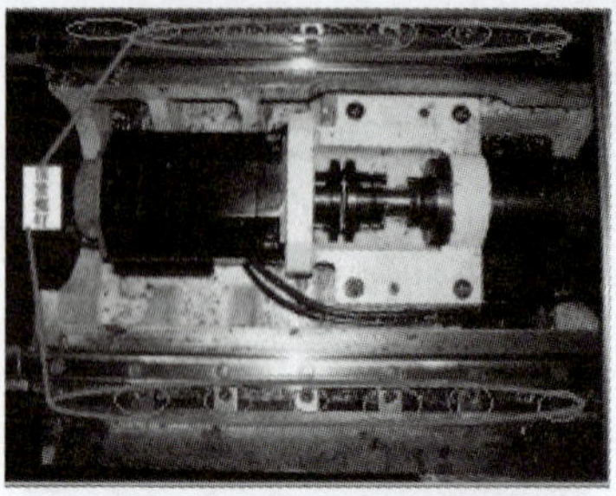	发现导轨侧面部分顶紧螺钉松动
3	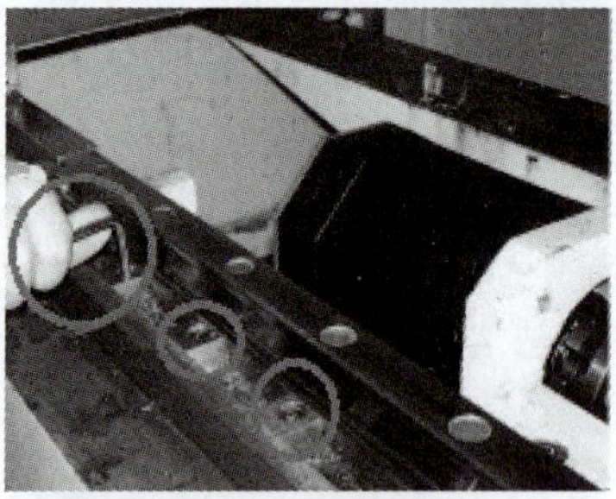	用内六角扳手适量紧固导轨侧面的顶紧装置
4	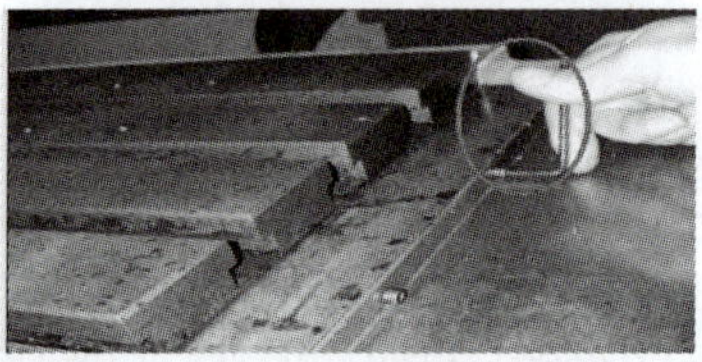	最后用内六角扳手安装导轨防护罩
5	安装完导轨防护罩后进行整理、清洁，把使用完毕的量具和检具放回规定的位置，不能随意在检验区域摆放	

5. 试机

机床重新上电试切工件，检测工件结果符合精度要求，故障排除。

数控机床精度检测工作单

●●● 计 划 单 ●●●

学习情境 4	数控机床的装调与精度检测		任务 4.2	数控机床精度检测
工作方式	组内讨论、团结协作共同制订计划：小组成员进行工作讨论，确定工作步骤		计划学时	0.5 学时
完成人	1.　　2.　　3.　　4.　　5.　　6.　　…			
计划依据：①数控机床调试验收的国家标准及行业标准；②教师分配的不同机床的故障现象				

序号	计划步骤	具体工作内容描述
1	准备工作（准备工具、材料，谁去做）	
2	组织分工（成立小组，人员具体都完成什么）	
3	现场记录（都记录什么内容）	
4	排除具体故障（怎么排除，排除故障前要做哪些准备）	
5	机床运行检查工作（谁去检查，都检查什么）	
6	整理资料（谁负责，整理什么）	
制订计划说明	（写出制订计划中人员为完成任务的主要建议或可以借鉴的建议、以及排除故障的具体实施步骤）	

决 策 单

学习情境 4	数控机床的装调与精度检测	工作任务 4.2	数控机床精度检测
决策学时		0.5 学时	

	小组成员	方案的可行性（维修质量）	排除故障合理性(加工时间)	方案的经济性（加工成本）	综合评价
	1				
	2				
	3				
方案对比	4				
	5				
	6				
	⋮				

决策评价	（排除零件相邻面垂直度超差最佳方案是什么？最差方案是什么？描述清楚，做出最佳综合评价选择）

实 施 单

学习情境 4	数控机床的装调与精度检测	工作任务 4.2		数控机床精度检测
实施方式	小组成员合作共同研讨确定实践的实施步骤	实施学时		1 学时
序号	实施步骤		使用资源	
1				
2				
3				
4				
5				
6				
⋮				
实施说明：				
实施评语：				
班级		组员签字		
教师签字		第　组	组长签字		日期	

检 查 单

学习情境4	数控机床的装调与精度检测	任务 4.2	数控机床精度检测
检查学时	课内 0.5 学时	第 组	
检查目的及方式	实施过程中教师监控小组的工作情况，如检查等级为不合格，小组需要整改，并拿出整改说明		

序号	检查项目	检查标准	检查结果分级（在检查相应的分级框内划"√"）				
			优秀	良好	中等	合格	不合格
1	准备工作	资源已查到情况、材料准备完整性					
2	分工情况	安排合理、全面，分工明确方面					
3	工作态度	小组工作积极主动、全员参与方面					
4	纪律出勤	按时完成负责的工作内容、遵守工作纪律方面					
5	团队合作	相互协作、互相帮助、成员听从指挥方面					
6	创新意识	任务完成不照搬照抄，看问题具有独到见解和创新思维					
7	完成效率	工作单记录完整，按照计划完成任务					
8	完成质量	工作单填写准确，记录单检查及修改达标方面					
检查评语						教师签字：	

任务评价

1. 小组工作评价单

学习情境 4	数控机床的装调与精度检测			任务 4.2		数控机床精度检测	
评价学时				课内 0.5 学时			
班级				第 组			
考核情境	考核内容及要求	分值（100）	小组自评（10%）	小组互评（20%）	教师评价（70%）	实得分（∑）
汇报展示（20）	演讲资源利用	5				
	演讲表达和非语言技巧应用	5				
	团队成员补充配合程度	5				
	时间与完整性	5				
质量评价（40）	工作完整性	10				
	工作质量	5				
	故障维修完整性	25				
团队情感（25）	核心价值观	5				
	创新性	5				
	参与率	5				
	合作性	5				
	劳动态度	5				
安全文明（10）	工作过程中的安全保障情况	5				
	工具正确使用和保养、放置规范	5				
工作效率（5）	能够在要求的时间内完成，每超时 5 min 扣 1 分	5				

2. 小组成员素质评价单

学习情境 4	数控机床的装调与精度检测	任务 4.2	数控机床精度检测
班级		第　　组	成员姓名

评分说明	每个小组成员评价分为自评和小组其他成员评价两部分，取平均值计算，作为该小组成员的任务评价个人分数。评价项目共设计 5 个，依据评分标准给予合理量化打分。小组成员自评分后，要找小组其他成员不记名方式打分

评分项目	评分标准	自评分	成员1评分	成员2评分	成员3评分	成员4评分	成员5评分
核心价值观（20分）	社会主义核心价值观的思想及行动方面						
工作态度（20分）	按时完成负责的工作内容，遵守纪律，积极主动参与小组工作，全过程参与，具有吃苦耐劳的工匠精神						
交流沟通（20分）	能良好地表达自己的观点，能倾听他人的观点						
团队合作（20分）	与小组成员合作完成任务，做到相互协作、互相帮助、听从指挥						
创新意识（20分）	看问题能独立思考，提出独到见解，能够运用创新思维解决遇到的问题						
最终小组成员得分							

学习情境 4	数控机床的装调与精度检测	任务 4.2	数控机床精度检测
班级		第　　　组	成员姓名
情感反思	通过对本任务的学习和实训，你认为自己在社会主义核心价值观、职业素养、学习和工作态度等方面有哪些需要提高的地方		
知识反思	通过对本任务的学习，你掌握了哪些知识点？请画出思维导图		
技能反思	在完成本任务的学习和实训过程中，你主要掌握了哪些排故技能		
方法反思	在完成本任务的学习和实训过程中，你主要掌握了哪些分析和解决问题的方法		

思考与练习

简答题

1. 数控机床几何精度检验常用的工具、量具和检具有哪些？
2. 简述常见数控机床几何精度检验包括哪些项目？
3. 简述检验 z 轴轴线运动和 x 轴轴线运动的垂直度用到的检具有哪些？
4. 分析检测用的杠杆表的特点。
5. 简述数控铣床（加工中心）主轴精度对零件加工产生的影响。
6. 分析数控铣床（加工中心）主轴检验棒的基准有几个，为什么？
7. 阐述数控铣床（加工中心）几何精度误差大会对零件加工产生什么不利影响？
8. 逐项完成数控铣床（加工中心）几何精度检测，填写数控铣床（加工中心）几何精度检测记录单（见表 4-2-6）。

表 4-2-6 数控铣床（加工中心）几何精度检测记录单

机床型号		实验日期	
检验项目	检测工具	检测结果	数据分析
工作台移动（x 轴线）的直线度 （a）在 xz 平面内 （b）在 xy 平面内			
横向滑座移动（y 轴线）的直线度 （a）在 yz 平面内 （b）在 xy 平面内			
垂直滑枕移动（z 轴线）的直线度 （a）在 xz 平面内 （b）在 yz 平面内			
工作台面的平面度			
主轴 （a）周期性轴向跳动 （b）主轴轴线的径向跳动（距离主轴端面 100 mm 处）			
主轴旋转轴线与工作台的垂直度 （a）在 xz 平面内 （b）在 yz 平面内			
z 轴线运动和 x 轴线运动的垂直度			
y 轴线运动和 x 轴线运动的垂直度			

参 考 文 献

[1] 周兰，赵小宣. 数控设备维护与维修（1+X 中级）[M]. 北京：机械工业出版社，2020.
[2] 邵泽强，李坤. 数控机床电气线路装调 [M]. 2 版. 北京：机械工业出版社，2019.
[3] 杨中力，胡宗政，左维. 数控机床故障诊断与维修 [M]. 4 版. 大连：大连理工大学出版社，2019.
[4] 朱照红. 数控机床维修工（中级）[M]. 北京：机械工业出版社，2013.
[5] 吕景泉. 数控机床安装与调试 [M]. 北京：中国铁道出版社，2011.
[6] 李宏胜，朱强，曹锦江. FANUC 数控系统维护与维修 [M]. 北京：高等教育出版社，2011.
[7] 汤彩萍. 数控系统安装与调试：基于工作过程工学结合课程实施整体解决方案 [M]. 北京：电子工业出版社，2009.
[8] 刘永久. 数控机床故障诊断与维修技术 [M]. 2 版. 北京：机械工业出版社，2018.
[9] 宋松，李兵. FANUC 0i 数控系统连接调试与维修诊断 [M]. 北京：化学工业出版社，2010.